5G 時代　*YouTube Instagram*

增加曝光、流量成長的超入門指南

促進銷售量、吸引人氣

提升

平台流量的

影片行銷術

說話術 & 拍攝・後製

技巧全書

久松 慎一・江見 真理子 著

楓 樹 林

CONTENTS

Chapter 1

擬定企畫

CONTENTS

SPECIAL SITE

本書特別成立的網站
https://books.bmlab.org/talk-video/

※本書所介紹的 Adobe Premiere Pro 軟體教學，
使用的版本為日文版。截至 2021 年 7 月為止，
Adobe Premiere Pro 尚未正式推出繁體中文版本，
因此相關的功能操作與說明，主要參照英文版與
簡中版翻譯，僅供中文讀者參考。

interview

說話技巧是拓展更多
可能性的一種方法

小川里奈在東京都的高田馬場開了一間美容工作室，提供個人色彩與骨架分析診斷的服務。她不僅經營自己的部落格、社群媒體等平台，也開始在 YouTube 上發表影片。剛開始發布影片的時期，她這麼做的契機究竟為何？過程中遭遇哪些挫折？之後又得到什麼樣的反饋呢？

小川里奈

PROFILE
R Dresser 代表人／形象顧問
http://www.rina-ogawa.com/

聽眾：久松慎一、江見真理子

R Dresser

> **形象顧問**
> **即是協助客戶打造出**
> **他們理想中的樣子**

我在高田馬場開了一間形象顧問工作室「R Dresser」，以形象顧問的身分展開相關活動。我想應該有蠻多人還不熟悉形象顧問這個職業，形象顧問的工作就是針對每一個客人進行提案，提供適合他們的時尚風格的建議。

這麼說或許還是有點難想像是什麼樣的工作，我具體地介紹一下形象顧問需要做哪些事吧。

首先接到專案委託後，我會和客人實際見面，詢問對方的膚色如何、理想中的形象，或是準備要登上怎麼樣的舞台，接著透過個人色彩診斷、臉型診斷、骨架診斷等各個階段的分析，向客人提出進一步的

形象建議。一般來說，我會依循以下的流程進行診斷。

個人色彩診斷

請客人站在工作室的鏡子前，以客人的膚色為基底，從布料色卡中找出適合他們的顏色。

臉型診斷

搭配客人的臉型，分析出能讓他更好看的時尚方向。

透過骨架與色彩，提供客戶整體的時尚建議。

向客人提出時尚方面的建議與方向，例如客人適合哪些品牌等。

骨架診斷

針對客人全身的體態或骨架，進一步提供更詳細的時尚建議。調整身體重心的平衡性，並且提出可以讓客人看起來更有型的建議。

同行購物

實際和客人一起購物，在挑選過程中提供建議。

我除了作為客人的顧問以外，也擔任講師，為希望成為形象顧問的人上課。形象顧問不僅需要考取證照，還需要具備與客人溝通、掌握最新的流行趨勢等能力。關於這些能力的養成，我想和各位分享自己的經驗。

在家裡經營一間美容工作室，細心地為客人診斷。

我原本是專心於處理家務、照顧孩子的全職家庭主婦……

我以前是一名全職的家庭主婦，經常為了孩子的小學入學考試往返補習班，真的很忙碌。後來我在孩子準備小學入學考試前，被診斷出罹患子宮頸癌。當時我還是以孩子的考試為優先，把治療和手術往後延，那段期間癌症的惡化等問題讓我感到很不安。

手術過後，因為不是惡性腫瘤，最後克服了難關；不過，那是我人生第一次親身體會到生命是有限的，而且人隨時都有可能死亡。以前我會想，等「孩子」長大之後，希望可以放手去做一些事，但其實人生有可能會在某一天就突然結束了。我從「總有一天」要做，變成「現在」就想去做的心態。

我曾經為了成為美甲師而到美甲學校上課，雖然我喜歡請別人幫我做美甲，但卻發現自己並不喜歡自己親自做美甲的過程（笑）。

與更多人結緣，開始接觸色彩診斷的工作

後來，我無意間接觸到部落格文章，並對此產生興趣，於是參加了部落格作者開設的色彩診斷學校。老師的診斷課程非常有趣，我也因而確定自己「很想做這件事」。我剛開始並沒有想到要從事和色彩有關的工作，不過從接觸美甲開始，我就曾想像過從事能夠改變人的視覺形象，或

是能讓人心情煥然一新的工作。我對色彩診斷產生興趣的契機，就是因為遇上一位很棒的老師。

創業後發現「說話」是一項必備的技能，始學習口語表達技巧

我從色彩診斷學校畢業後，便在家裡開了一間工作室，後來開始覺得談話能力是我的一項課題。我本來就很容易為孩子的事感到緊張，甚至緊張到說不出話來的程度，真的很不擅長談話。但是，很多家長都能做得很好，看著他們侃侃而談的自信模樣，我會想：「既然大部分的人都做得到，那我只要努力看看，應該也能做到吧？」於是，我便開始向江見老師學習如何表達。

即使到了現在，我還是不認為自己擅長在他人面前開口說話，但也不再認為自己不擅長了。現在在單方面地向客人說明事情或談話的交流機會也變多了，我覺得自己能夠「讓客人參與」，並且能和他們一起戰勝課題。

小川小姐坦承自己並不是非常擅長在人前說話。她上了很多課程，學到說話的技巧。

談話不僅是溝通同時也是一種娛樂

當我們說話的方式變流暢了，看起來就會更有自信，工作機會也會跟著變多。相信無論是誰都會希望指導自己的人是個擁有自信的人，對吧？當我談話時開始變得有自信後，得到了電視購物台的演出機會，以及發表美甲片商品簡報的機會。起初對方和我洽談時，我有浮現這樣的念頭：「雖然很想試看看……但我應該做不來吧。」可是，回頭看看自己創業至今的努力，我隨即調整了心態：「如果想做一件事，就算做不到，也要去做！」因為我想看看「正在投入某件事的自己」。

進一步自我挑戰與製作單位洽談擔任購物台來賓！

電視購物和平常進行診斷、擔任講師時的說話方式完全不同，需要具備特殊的說話技巧。在第一次上電視之前，我上了幾十個小時的訓練課程，上課以外的時間則常常去卡拉OK包廂一個人練習。

辛苦的練習很值得，電視播出後的效果很不錯，買家也相當滿意。由於美甲片具有季節性或變化性，所以我在那之後持續參與了一年的節目。

平常工作為客人進行診斷時，我都會在談話的過程中極力地讚美客人。

人被誇獎時會更有自信，也變得更有精神，心境上也會更樂觀正向。許多客人往

小川小姐希望透過診斷與客人溝通，讓彼此能發自內心地展露笑容。

往有外表上的煩惱，像是「最近都不太穿顏色鮮豔的衣服了」、「我已經好幾年不化妝了」、「我常常只穿容易重複搭配的衣服」。其實，只要女性認為自己的穿著好看，就會變得很有自信，自然也會對身旁的人更加和善。

「我屬於什麼樣的類型？」

「我想成為怎麼樣的人？」

我們都曾經浮現過這樣的疑惑，可是往往對這些問題、對自己的形象與期許抱持著模糊的想法。所以我會詢問客人這些問題，並且給予建議。如果能夠運用色彩或時尚元素，讓女性體會更快樂的人生，我會感到很開心。

客人的需求不僅只是尋求診斷的結果而已，分析過程中所花的時間，本身其實也具有娛樂性。我會詢問客人的煩惱，或是他們對於未來的想像，並且從這些回答當中思考自己該如何協助他們，進而提供建議。我認為讓客人享受這個過程也是很重要的一件事。

為了讓客人在過程中感到愉快，談話能力非常重要，它是我的武器之一。

看見增長的網路需求 開始經營 YouTube

為了宣傳我的美容工作室，我開始在YouTube 上發布影片，以每週 2 支影片為目標，在工作室裡進行拍攝。

我在 Instagram 上發現一位很優秀的女性影片製作師，於是便邀請她拍攝、編輯影片，影片內容則是從工作室的介紹、分析診斷開始說明。

至於影片的主題，我會一直想到拍攝當天，沒有準備任何台詞，而是直接在拍攝現場一邊整理想法，一邊拍攝。

我請學生看完影片後，告訴我他們的感想，或是接下來想看什麼樣的主題，以此作為下一支影片的參考依據。

未來，我還想挑戰線上沙龍之類的新興形式。

我想運用電商平台，提供陪同客人線上購物等服務；客人接受診斷後，我會進行售後追蹤，希望能繼續協助客人打造出快活的人生。

讓更多人了解透過網路
發布影片的魅力

高橋小姐自己創立了一間美學沙龍 Ageless beauty salon Allige。宣傳沙龍的同時，除了服務前來店裡的客人之外，也開始在網路上發布療癒人心的影片。隨著網路頻道的訂閱人數持續增加，高橋小姐現正規劃網路影片的經營事業。我們訪問了表現相當活躍的兩人，詢問她們關於訂閱人數增長以前的製作情形。

聽眾：久松慎一、江見真理子

高橋あすか

PROFILE
女性專用的
Ageless beauty salon
Allige 代表人、治療師

森千尋

PROFILE
Allige 治療師

> 在按摩學校學習，
> 脫離上班族人生，
> 自己成立美學沙龍

高橋　我以前在公司上班，從那時開始便對經營管理感興趣，也曾想過要創業。因為我從以前就很喜歡幫人按摩，於是一邊當上班族，一邊上了半年左右的按摩學校課程；考取證照後，我在 2012 年辭去上班族的工作，創立了 Allige。

森　以前我也當過公司內部的職員，後來思考自己未來想做的工作，決定轉行到美學沙龍。看到 Allige 的徵人消息後，就上門應徵了。

高橋　創業之後，為了吸引人氣、協助客人，我建立了 Allige 的網站。除此之外，也積極地運用 Instagram 等社群媒體來宣傳店裡的活動與消息。

> 比起實際面對面，
> 經由網路影片
> 可以療癒更多的人

高橋　有時我走在路上，會有人跟我打招呼：「妳有拍過網路影片，對不對？」
　　對方提到的影片並不是我會瞬間想到的

從別的行業轉行到美容業界。

影片，一問之下才知道，他所說的影片原來是指我們放在 Allige 官網上的短片。我並沒有在短片裡清楚地露出全臉，沒想到居然有人會記得，真是嚇了我一跳。我和對方聊了一下，對方提到：「看別人按摩的影片，讓我感到很療癒！」「我常常搜尋按摩的影片來看。」說起來，按摩是需要實際見面才能提供的服務，平常被我實際按摩並得到療癒的人，無論如何一定會有人數上的限制。

我一直都很想療癒更多的人，於是便有了製作並發布影片的想法，並且把這樣的方法命名為「療癒系娛樂」。

從 2019 年 3 月開始，我們每個月會上傳兩支影片到 YouTube。發布影片的目的不僅是推廣自己的美容院，我也希望為了那些沒有辦法來按摩的人，能夠透過按摩影片得到療癒。

在新冠肺炎的疫情之下，政府實施緊急事態宣言，為了呼籲民眾「stay home」，我們也增加了能夠在家裡做的運動相關影片，每週約上傳 1、2 支影片。

為了療癒更多人，高橋小姐認為發布影片是一種非常適合的方式。

目標觀眾變多元，致力發想能夠打動許多人的企畫

高橋 畢竟我們是專門接待女性顧客的美容院，所以頻道成立的初期，是以成人女性為目標客群。我們會在影片中介紹實際在美容院裡實施的按摩項目、在家裡自己就能做的臉部保養，以及拉筋伸展操等內容。不過，後來男性觀眾逐漸增加，現在的觀看人次當中，有一半都來自男性觀眾。而且近期也出現了來自國外的英文留言，所以需要透過 google 翻譯回覆。

高橋 從頻道成立開始，製作影片的主要概念就是「希望觀眾能透過按摩影片得到療癒」；而我目前正在構思新企畫，希望在不偏離這個主軸的前提下，同時持續地產出具有新鮮感的影片。

下一支影片企畫的場景，是從美容院回家的路上或電車裡。影片內容也包含日常生活中的伸展拉筋，還有自己做按摩的方法等。

森 高橋小姐有時會提出有點無理的要求（笑）。像是一邊用吹風機，一邊做體操之類的高難度動作，不僅動作奇怪，還很累人（笑）。她在拍攝當天跟我說明，講完後馬上開拍。雖然我理解動作的重點，但不知道實際上做不做得到，好緊張啊。

透過影片回應觀眾的要求，森小姐覺得這樣的溝通方式很新鮮。

> 採納各種企畫點子，
> 製作出自己也能
> 樂在其中的有趣影片

高橋　影片不只要介紹簡單的伸展動作，還要加入難度較高、不容易做的伸展動作，或是特別的姿勢，這樣留言區的反應會很好。有網友留言「差一點就做到了！」我看了也很想為網友加油打氣。或是看到「我也辦到了！」這樣的留言，我也會很高興。

　　我們有特別拍攝一支「睡前按摩」的影片，希望觀眾能被影片療癒，並且就在這樣的氛圍中安然入睡。這支影片得到很好的迴響，於是我們將這個主題製作成一系列的影片。其中也有超過130萬觀看人次的影片，這也讓我更加確定，按摩影片的療癒效果真的很好。

　　除此之外，我們平時也會瀏覽頻道留言區，如果有網友敲碗，或者提出建議，我們就會討論要不要將這些建議用在下一次的企畫裡。

　　一回神才發現，我們已經持續製作影片

超過一年的時間，我們也很享受，最近正在構思全新的企畫。

> iPhone錄製影片。
> 自學並從錯誤中
> 不斷嘗試，下苦功拍攝

高橋　在攝影方面，我們通常會在按摩室裡錄影，一次拍攝2、3個小時。

　　一人演出時，就由另一人當攝影師；如果需要兩個人一起演出，就用手機專用的三腳架固定，用手機錄影。牆壁上貼著美容院的Logo，每次都會在Logo前拍攝影片的開場。Logo是用PPT簡報製作，放大後採用銅版紙印刷。

　　我用手機（iPhone）錄影，另外還買了固定手機用的三腳架，以及電池式LED打光燈。我們用手機的內鏡頭（液晶螢幕那一側的鏡頭）拍攝，隨時透過螢幕確認拍攝情形。

　　我沒有學過攝影，所以像是打光之類的技巧，都要不斷摸索，反覆測試。每次拍攝時，都要將皮膚拍得好看一點，還有清楚地拍出按摩前和按摩後的差異，會特別在這部分下功夫。說話方式則和平常幫客人按摩時不一樣，需要用更簡潔易懂的方式介紹。說話時，也需要極力避免專有名詞，以小孩子也能理解的方式，細心地安排影片內容。

> 無論是影片品質
> 還是剪輯方面，
> 都要重視臨場感！

高橋　接下來，便是將拍好的影片傳進筆

用iPhone錄影，並用LED燈從兩側打光。

電裡，用影片剪輯軟體VideoPad編輯影片。剪輯影片時，我很注重的一點，就是畫面能否讓觀眾感到療癒。

森 話說回來，曾有觀眾留言，希望我們拍攝4K影片呢……（笑）

高橋 對啊（笑）。剪輯時，我們不會隱藏自己是外行人的一面，而且很重視「來到美容院的真實感」。如果做太多效果，反而會降低真實感，這樣就沒辦法讓觀眾把影片中的人想成是自己了。我也很重視內容看起來要很健康這件事。雖然影片有加背景音樂，但音量調得比較低。

聽說，很多觀眾喜歡聽按摩時手指滑過皮膚之類的聲音，如果背景音樂太大，就會有觀眾留言提醒，所以我們會特別注意背景音樂的音量。

訂閱數突破2萬！
期待未來將影片
納入經營事業

高橋 我想以簡單的方式吸引觀眾的目光，為了讓影片內容更淺顯易懂，我們會製作縮圖，上傳影片時下的標記，也需要特別花心思。

完成影片發布後，我會在Instagram等官方社群媒體上發文。

每支影片的留言區都會放我們店面的官方網址，對美容院有興趣的觀眾便可以前往官網，得知詳細的資訊。

高橋 目前已經有超過2萬人訂閱頻道。

要在不改變影片主軸的前提下，嘗試新挑戰……這真的很困難！（笑）我想讓訂閱數提升到5萬、10萬，希望這些影片可以發展成獨立事業。

有些人看了影片後，會主動與我們聯繫，像是邀請擔任收費講座的講師等，提供合作的機會。所以我也想把頻道當作一種告知型的平台，並且擴大發展。

Allige
Ageless beauty salon
http://allige-beauty.com/

如今，YouTuber（streamer）成了小學生憧憬的職業；YouTuber、社群媒體的頁面也占用了我使用手機的大部分時間。雖然我也喜歡閱讀文字，但想稍微查一下資料的時候，或是小憩片刻的時候，我會看看輕鬆的影片以補充不足之處。

我們在回想事情時，第一時間浮現出來的往往也會是影片的內容。如今網路上的影片，品質愈來愈好，而且與其他媒體之間的界線也逐漸消失；不過，我還是認為，網路影片的市場並非由大型企業或專業人士獨占。由中小型企業、個人戶、自治團體所推出的影片，能夠展現獨自的創意想法或是商品，在探索這類影片時也讓我相當期待。如果能幫助這類型的使用者製作出充滿魅力的影片，我會感到很開心。

久松慎一

「推薦某個事物給他人」是很困難的一件事。不管推薦的一方有沒有信心，最後要不要接受，決定權還是在對方手裡。現今數位社會發展得飛快，事物變得愈來愈講求效率。這樣的社會當然為我們帶來了便利性，但有時也會令我們感到空虛。如今，人與人之間的接觸、心靈交流的機會大幅減少，在這樣的時代裡，我想實現一件事 —— 使只有人才做得到的「人情關懷」與數位科技共存。我們的體貼與關懷，是身而為人最高級的一種情感表現。只要達成這樣的理想，人和人之間得以心靈契合，應該便能使「推薦」與「被推薦」的關係中產生信任感。我希望這本書能成為人們傳遞溫暖訊息的契機。

江見真理子

擬定企畫

本章節講解製作影片過程中

首先需要的企畫案構思技巧。

能夠在企畫中放入多少想法,

是所有流程中非常關鍵的一步。

用心製作的企畫案,

可以為一支影片打下良好的基礎。

01 如何創造亮眼的銷售成果？「了解自己」是關鍵！

【了解自己，才能建立信賴關係】

自我分析，了解自己的狀況　　了解自己，便能自然地表達出真誠的話語或想法。

↓

找出產品與自己的共通點　　商品更貼近自己，我們就會注意到商品的優點。如此一來，想要推薦商品的心情就會更強烈。

↓

利用說話技巧展現產品

HINT!

以自然的方式展現自我
增廣表達事物的表現力

你對自己的事情了解多少？當他人突然請你「展現、推薦自己」時，你的自我表現力有辦法讓對方產生「這個人很有魅力」的想法嗎？這個概念不分領域，對於「想要販售商品」的人而言，我非常重視「了解自己」這件事。了解自己的人，可以瞬間拓展表現的空間。

想銷售商品的人，了解顧客群的人
強化產品銷售兩端的連結

你可能會為這個說法感到驚訝，因為聽起來就像武士會說的話，但這麼說是有道理的。「了解自己」等同於「理解自己」，為了對他人推銷產品或內容，這個觀念非常重要。

商業上的業務往來，必須建構在互信的基礎之上。而建立信賴關係的第一步，就是互相交換名片，或是帶領客戶了解自己的公司。初步了解公司的營運情形、代表人、經常接觸的負責窗口之後，接著便會展開商務會談。如果雙方有了信任感，那麼商談也會朝好的方向發展。

這樣的商務會談不只會發生在商業場合。比如說，當你在購物時，曾有過這樣的經驗嗎？因為和店員聊得來而買下商品，後來還多次光顧那家店，成為忠實的老顧客？這一定是因為，那位店員將商品的優點，以及店家看待事物的角度、店員本身的主觀想法與商品的特質結合在一起，並且推薦商品給你，所以你才會買下來。說不定，如果不是那位店員向你介紹，你也不會買下那個商品呢。沒錯，消費者不僅需要信任產品

著手製作影片或販售商品之前，請先釐清自己看待事物的角度，找出自己是什麼樣的角色定位。購物時，有時我們會自己挑選商品，有時候也會買他人推薦的產品。但我們之所以願意購買，通常是因為對方值得信任。一切先從了解自己開始吧。

提高「銷售」能力的自我分析法

☑ 按照時間順序，寫出自己過往的經歷（工作或私人事件）

☑ 從自己的經歷中，找出最好的時期及最差的時期

☑ 回想一下，做得最好的時候，自己為什麼會做得好？

☑ 回想一下，做得最差的時候，自己為什麼做得不好？

☑ 如果已經決定好要販售的產品、服務或內容，
那麼請思考一下，為什麼要從現在起介紹這個產品或內容？

☑ 從自身經驗中，找出自己與這個商品、
服務或內容的關聯性或連結

☑ 回想產品、服務或內容所帶來的啟發，
它是怎麼幫助自己的？又是如何令自己感到快樂？

☑ 思考這個產品（你想販售的商品）在未來的人生中
會為自己帶來哪些好處？

或內容，他們也很重視對賣家（公司）的信任感。為得到影片觀眾的信任，除了我們推銷的商品、服務或產品內容之外，演出人員和導演也必須得到觀眾的信任才行。

「人」和「事」兩者都需要建立信任，才能繫起穩定的關係。

如何推銷產品？自我分析很重要

先進行自我分析，就能找出自己與產品、服務，以及產品內容之間的共通點。請分析自身的條件與情況，找出自己與產品、服務、產品內容的信賴關係。

如果你也認為：「產品很優良，能在迄今為止的人生中，遇上這個產品、服務或產品內容，真是太好了！」這些想法一定也會反映在銷售數字上。當這樣的心情愈強烈，就愈能將產品的好傳達給對方。

銷售方以誠實的話語，表達自己感受到的「產品優點」。如此一來，消費者會先被挑起興趣，接著他們便開始考慮是否購買，進而買下商品。

01 — 如何創造亮眼的銷售成果？「了解自己」是關鍵！

02 欲訂定未來販售的服務或商品，請先決定目標

【為你的產品，訂下穩固的良好循環】

兩大目標

客人使用商品後，會出現什麼樣的轉變？

假設商品是化妝品，你希望自卑的人能展露笑容，那就要以抗老為方向，開發對抗皺紋的化妝品，或是採購相關產品。客人克服了自卑的煩惱，心情變得更好，笑容也變多了。

身為銷售人，你的目標在哪裡？

商品賣得出去，生意也會更順利，新產品的開發、開發費的資源會更豐沛。我們當然會為營業額提高而感到高興，同時也希望為世界帶來好產品，讓自卑的人們展露更多的笑容。

**留心兩大終點目標
一起朝實現目標前進吧！**

本書的讀者中，想必有些人還在為沒有商品可以賣，或是未來該賣什麼產品而煩惱吧。應該發展產品服務嗎？該開發什麼才好？我想告訴仍處在這個階段的讀者，請先釐清「自己的目標在哪裡」。

這格建議隱含著兩個意義。第一點是客人使用這個商品或服務後，就結果而言，他們將會如何？（有什麼樣的變化？）

客人買下產品並使用後，無疑會很期待商品的效果或使用成果。產品的提供人和購買人雙方需要對商品抱有相同的期待，這一點相當重要。

舉例來說，假如商品是某一款化妝品。賣家提供商品的目的著重在皺紋，但買家看了產品資訊後，卻認為這個化妝品具有美白效果。結果客人買下商品，卻因商品未達到他的使用目的而感到不滿。如果多次發生這樣的客訴，我們應該會很困擾吧？

通常，我們會希望商品或服務擁有非常多的優點，但是打造出最主要的強項，以這個優勢來開發「表裡如一」的商品很重要。

第二點，你銷售這個產品或服務，目標究竟在哪裡？

如果是企業，目標或許是達到預算金額；個人戶的目標有可能是知名度、追蹤人數、營業額、社會貢獻度……。每個人的目標都不盡相同。我們必須事先描繪出未來的計畫，想一想最後希望透過商品或服務會成為什麼樣子。

當我們明確知道這兩個目標後，就能看見製作影片的初步方向。決定銷售的商品或服務時，還

「你的目標在哪裡？」開發你想銷售的產品或服務時，或是決定目標時，希望你都能意識到這個問題。當然，這也是影片製作的重要觀念，請在初始階段決定好自己的目標吧。

【訂下目標後，還有哪些流程？】

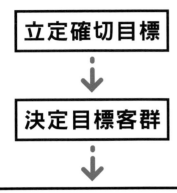

立定確切目標　→　運用左頁整理的兩大目標，擬定影片製作的方向。

決定目標客群　→　讓目標客群更明確，決定好該用什麼樣的張力或表現方式。

決定易於傳達的思考方式　→　決定好目標客群後，就更容易想像該如何表達。

有更重要的一點，就是「決定目標客群」。受眾是女性，還是男性？是兒童，還是成人？成人受眾是20多歲？40多歲？還是80多歲？你想把推銷的產品或服務賣給誰？對銷售對象的想像愈明確，愈能提高銷量。

反過來說，「不分男女老幼全部都賣」像這樣賣給所有人的方式，反而會因為目標客群太廣，導致真正對商品有需求的人減少。人大多會有一種傾向，就是對自己既有的生活模式以外的事物沒有需求。但是，一旦我們認為需要某樣事物時，就會認真聽取相關資訊，進而考慮帶入生活當中。如果目標是讓消費者產生「需求」，目標客群的範圍太廣，便無法深入地切中要點以達到行銷訴求。

有些商品會因為年齡層、性別、興趣的類型，很容易就能得到穩定的忠實粉絲，這需要有意識地決定目標客群。「任何人都是目標客群」是最不容易切中人心的作法，請多加注意。

靈活運用產品張力

有時商品或服務的形象色，可以作為事前準備的知識。假如商品是化妝品，理想的作法是訂下產品的企畫和藝術總監，想像目標用戶、產品材料、成分、使用成果等，從上述條件當中聯想顏色，並且加以活用。

目標客群是年輕人，還是銀髮族？清爽還是濃厚？流行還是奢華？產品具有多種不同的形象。請以這些概念為基礎，決定產品的顏色。這個概念色，可以用於產品包裝、拍攝影片時的陳列裝飾，或是開發網頁時的形象色。如果決定好產品形象，卻想不到確切的顏色，建議利用色表找出適合的顏色。

03 設定影片的製作預算

【製作影片，有哪些支出項目？】

準備

☑ **購買參考資料的費用**

第一次挑戰影片拍攝，需要書籍或課程等相關費用。

☑ **器材**

相機可以購買，也可以租借。如果打算手持手機拍攝就不需要器材費。攝影機等器材可提高影片水準，建議先租幾款不同的攝影機，試用看看後再挑選。

勘景

※勘景（Location Scouting）：正式進入拍攝階段前，為確認拍攝地點或事前準備事項，實際勘查拍攝場景。

☑ **交通費**

搭電車或計程車的交通費。

☑ **入場費（場地費）**

工作室的勘景大多不須付費，但彩排等長時間使用的情況，有時會需要付費。

拍攝準備

☑ **拍攝工具**

商品介紹或背景陳列等用具。

當天準備一個收納筆、剪刀等文具的手拿包，會更方便喔。

確保多一點的預算

製作宣傳影片時，我們都不希望花太多錢，同時也想做出品質好的影片吧？

但很遺憾的是，如果要從頭開始製作影片，還是需要花費一筆金額。接著一起試算看看，製作影片大概需要花多少費用吧。上面的項目是製作影片需要花費的預算一覽表。這裡介紹的費用項目，是付給外部人員的支出，並不包含相關內部人員的人事費用。

上方預先設想各種項目，但並非全都必要，請試想哪些符合需求。不僅是拍攝當天會產生的費用支出，從準備階段、勘景、拍攝待命、正式拍攝，再到拍攝後期，一連串過程都會產生支出。

拍攝影片需要哪些費用？讓我們一起從現實層面切入，思考該準備什麼吧。拍攝費用會根據拍攝內容或規模而有差異，這一節將說明一般專業人士，從拍攝前期到後期所需要的費用項目。

人事費、當日拍攝費用

☑ **交通費、停車費**
搭大眾交通工具、計程車等交通費。

☑ **髮型師、攝影師、聲音製作、燈光師（外包）**
價格依照行情。

☑ **工具租借費**
有專門租借工具的店面，也可以向一般店家租借。

☑ **給場地提供者的禮物**
點心禮盒等。

☑ **服裝**
購買或租借來的服裝。

☑ **工作室費用**
工作室租借或空間租借的費用。

☑ **飲料、點心、便當費**
依照工作人員人數，準備伙食。

攝影後期的雜務、剪輯費

☑ **外包費用**
將影片的剪輯與製作工作，發包給外部人員。

☑ **公關費**
社群媒體的付費廣告等。

☑ **服裝清潔費**
清洗長期或短期租借的服裝。

為了讓正式拍攝當天一切順利，還有避免後期剪輯出現問題，最好的方式是該花的地方則花，可刪減的部分則減少花費。

看了費用項目列表就會知道，這筆預算從必要的項目到瑣碎的花費都有，請從所有預算項目中，依照優先順序，決定必要的費用項目。

我們容易將費用花在特別講究的地方，最好的做法就是放多一點預算在自己比較講究項目上。除此之外，如果工作人員自己就有器材，也可以向他們借用，不妨和團隊成員商量看看，或許也可以降低一些支出。

拍攝的當天，或是在影片上傳之後，也有可能產生預料之外的花費，建議規劃多一點預算，保留一些緩衝空間。

04 製作影片的目的為何？
找出明確的目標客群

【製作影片前，先掌握三大要點】

隨時站在客人的立場

企畫階段，從客人的立場
出發加以規劃。

目的是什麼？

思考產品是否必須透過影片
或動態的方式呈現。

如何讓客人慶幸自己買了好商品？
從TA的角度出發，思考宣傳方式

　　購物是人生最大的娛樂 ── 正是這句話引領我進入網拍業界。

　　這句話是我進入一家24小時電視購物公司任職，在某次研修時上司說的一段話。大部分的人都喜歡購物，我們只要活著就會買東西。而且，當我們買下自己喜歡的東西時，這個行為也使人產生一種極其快樂的心情。本來一直把購物行為視為理所當然，直到那時我才恍然大悟，換個方式想才發現，原來購物是如此美好的事。

　　後來，我在業界待了幾年，更加確信這個想法是對的。訂定企畫的前提，正是希望觀看影片的客人能因此感到快樂，希望他們慶幸自己在人生中買下了這個商品。

　　那麼，我們該如何以企畫為基礎來展現商品呢？那就是 ── 時時站在客人的角度。同一款商品，買方和賣方的視角大不相同。請隨時記得思考客人會怎麼理解？他們看了影片後是怎麼想的？

思索製作影片的目的

　　如今的廣告，引發20年前的人們想像不到的現象。電視廣告獨占市場的情況已然成為過去，近年網路廣告超越電視廣告，迎來任何人都能輕鬆宣傳的時代。

　　不僅如此，行動通訊技術近來也飛速升級，從2020年甚至開始出現5G服務，用戶可以更輕鬆自在地享受網路環境。

「商品（服務）才是主角！」這個關鍵句可說是影片拍攝的企畫中，最不可忘記的重要主旨。一旦這個主題搖擺不定，所有的廣告訴求也都會產生偏移，這點要多加留意。

訂定目標客群

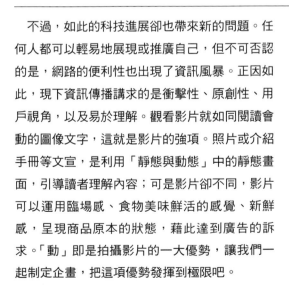

明確訂出觀看影片的目標對象，以製作出能夠刺激目標觀眾的影片作為目標。

不過，如此的科技進展卻也帶來新的問題。任何人都可以輕易地展現或推廣自己，但不可否認的是，網路的便利性也出現了資訊風暴。正因如此，現下資訊傳播講求的是衝擊性、原創性、用戶視角，以及易於理解。觀看影片就如同閱讀會動的圖像文字，這就是影片的強項。照片或介紹手冊等文宣，是利用「靜態與動態」中的靜態畫面，引導讀者理解內容；可是影片卻不同，影片可以運用臨場感、食物美味鮮活的感覺、新鮮感，呈現商品原本的狀態，藉此達到廣告的訴求。「動」即是拍攝影片的一大優勢，讓我們一起制定企畫，把這項優勢發揮到極限吧。

在企畫的階段加入好點子

我們需要決定目標客群，才能訂下想要販售的服務或商品。在製作影片的企畫階段，也必須事先想好明確的目標觀眾。

舉個大膽一點的例子，即使是針對年輕人的商品或服務，也可以在影片製作企畫中加入針對老年人的條件。

在構思企畫架構的階段裡，要以哪個部分為切入點並展開廣告訴求？如何發展故事、提出證據（根據）？可以透過這些構思，使目標對象理解影片的內容。

我之所以告訴各位這些重點，是因為決定製作影片時，商品或服務都已經訂立好了，有可能無法再大幅度更動。

雖然從頭開始完成一樣商品或是服務很令人高興，但不可能所有的環節都是可行的。所以規劃企畫時，一定要先訂下明確的目標觀眾。

05 確實調查競爭對手

【分析對手的必要性？】

① 推銷優於任何人的服務內容

觀看競爭對手的影片廣告，檢討自己的情況。我們是否可以提供更划算的產品？雖然價格較高，但我們的產品是否具備更多的優勢（如售後服務、刺激購買慾）？

② 為了在價格競爭中獲勝

雖然商品的品質和價格是相對的，但如果相同的產品和服務內容，對手卻能達到更便宜的價格，我們就必須進一步檢討。這一點不僅限於影片製作，在銷售面也是檢討的必要項目。

③ 製作出更值得信任的好內容

為了將正確的資訊以正確的形式傳達，我們需要了解其他公司的表現手法。同樣的商品，對手如何以簡單好懂的方式講解他們的產品？他們是否提及和商品本身有關的事？比如製造商的背景等。

**檢視其他公司的宣傳手法
從中發現最好的表現方式**

一般來說，我們只要委託專業的行銷公司，協助從事市場調查與競品分析，就能輕易檢視更詳細的資訊。可是很多時候，我們並沒有準備這樣的行銷預算。

這個時候，就要盡自己所能，有效率地進行調查。戰勝敵人的必勝祕訣，就是以最快的速度發布資訊。

首先，我們要檢視其他同業或競業發布的影片資訊，了解其他人是怎麼做的。

不只如此，這個方式也可以幫助我們客觀地檢視自己接下來要製作的所有影片。後退一步，進行模擬分析，看看自己的影片與其他同業的成品相比，大概處於什麼樣的定位？在市場上位在怎麼樣的位置？是否能使顧客充分感受到商品的魅力，或是服務的價值？

想要達到這個目的，我們可以提供他人欠缺的原創表現手法，或是提高觀眾對商品、服務與內容的滿意度。你一定能運用自己的點子擄獲觀眾的心。

用戶會想了解相似商品的差異。製作影片的企畫之前，請先確認同業或競業的數量，觀察他們的社群媒體與官網，或是在網路、電視上的表現手法。為了確保自己發表的影片具有獨創性，調查其他競爭對手是關鍵。

市場調查的分析重點

☑ **商品套組內容**
單品銷售、套組銷售、搭配銷售、新穎型銷售等。

☑ **產品、服務、內容的新鮮度**
新產品、既有產品、翻新產品、舊產品、庫存待處理商品。

☑ **銷售類型**
一般（正常）銷售、特別銷售、限定銷售、定期銷售。

☑ **價格設定**
定價、製造商建議售價、折扣價格等。

☑ **服務的完整度**
通路運費、顧客服務、退換貨標準、售後服務等。

☑ **影片演出人的品質**
外貌、說話內容、好感度等。

☑ **影片架構、表演的可理解度**
影片、特效字、音樂的品味、架構、表演的可理解度與品味。

把項目列出來並加以確認，這樣比較容易檢討喔。

POINT!

貶低他人或其他公司產品，絕對禁止這類行為

公關推廣，本身就是以「自己推薦的是最好的東西」為一大前提。為此，我們會想要和其他類似的產品進行比較，希望能更好地傳達「我們的東西很優秀」的心情。

但是，公開產品的具體名稱，並且和其他類似商品、他家商品加以比較，藉此襯托自家產品更好，像這樣的手法是不行的。這類行銷方式很有可能被認為是毀謗或人身攻擊。

毀謗他人的行為，可能衍生客訴或法律問題，這方面請一定要小心謹慎。如果想要推銷，表達自家產品比他家還要好，那麼請仔細調查其他公司或其他類似商品的相關資訊。從他家沒有的部分著手，挑出自家產品中最值得驕傲的優勢，並且大力推銷，這樣就能在不貶低他家產品的前提下有效推銷。

06 影片製作
不可或缺的重要人才

【增加影片說服力的選角】

老闆

為什麼要開發這個產品或服務呢？

不惜賭上人生也堅持要販售這個產品，這股熱情究竟從何而來？

開發A人員

開發甘苦談（開發過程、樣品數量等）

挑選產品材料的故事等。

從開發者的角度，客觀地評價產品的品質。

公關宣傳

很熟悉業界情況，與競爭對手加以比較。

不僅了解商品，也很熟悉品牌背景，擁有優秀的表現能力。

愛用者經常使用產品，他們的評價也能帶來宣傳效果。

演出人員和產品張力相互搭配

實際拍攝影片最重要的環節，就是決定該由誰來演出，因為企畫的主要架構，會因為演出人員而產生巨大的變化。如果能實際訂下提案產品和演出人員之間的明確關係，就能從演出人的立場出發，讓他做出只有他才能達到、具有說服力的表現。演出人有可能是產品的開發人、老闆或專家，因此談話或內容的切入點，會依據演出人的

身分而有所變化。反過來說，我們想展現什麼，就應該選擇最適合的人選，如此一來才能做出符合預期的影片架構。不同身分的演出人員，其表現方式也會進一步改變目標，所以當我們決定演出人員時，需要考慮到上述層面，這也是很重要的一點。

先考慮目標觀眾再決定演出人員

選角的關鍵，就是鎖定廣告訴求目標的世代。

影片演出人，決定一支影片的一切——把選角說得如此重要，一點也不為過。畢竟是否能將內容、氛圍、產品特色傳達出去，都要仰賴演出人員的功力。請選出能夠直接傳達你的想法的演員吧。

專家

專家擁有豐富的業界知識，可分享專業的話題。

主播、名人

擅長說話，表達方式很有說服力。

知名度高，粉絲購買的機會高。

產品愛用者

產品的粉絲。愛用者實際使用過產品，會更想推薦好產品。

網路名人

知名度高，具有高擴散力，對消費者的影響很大。

我們必須根據目標客群，思考演出人員的類型或談話內容。先決定產品，接著鎖定目標客群，最理想的人選則是能夠引起目標客群共鳴的人。

為了引起觀眾共鳴，演出人員的談話經驗也是一項必要條件，不妨選擇和目標客群同一個世代的人，或是年長一點、擁有豐富經驗的人。

選好演出人員之後，我們還要關心幾個和演出人有關的問題。我以前與候補演員談話時，就曾經聽過一些困擾，像是「自己沒辦法像主播一樣擅於表達」、「我講話可能會有一點口音」、「我對自己的聲音沒有自信」等等，有些人應該會感到很不安，為此而煩惱不已。但其實，有人情味的表演，反而更能帶出親近感，因此演出人員基本上只要展現「原本的自己」就可以了。演出人的人性化表演，才能讓觀眾產生共鳴，應該很快就會增加忠實粉絲吧。

07 影片拍攝 需要哪些工作人員？

【演出與製作團隊】

演出人員（主持人、來賓、愛用者等）

實際在影片中演出的人。例如節目主持人（master of ceremonies，縮寫為MC），或是產品、服務、內容相關的專家來賓、愛用者等。

導演

負責影片的表演與指導，是拍攝過程的總司令。

攝影師

負責拍攝影片。決定拍攝用器材、拍攝角度和攝影技術。

造型師

準備演出人員的服裝，拍攝空間的布置與陳設，負責安排拍攝中的造型。

髮型師

替演出人員設計髮型、化妝等，負責整理儀容。

企畫的來源，影響製作方式

　　影片製作團隊，有每個成員各司其職的工作分配方式，也有一人身兼多職的情況。請想像一下拍攝規模，再調度人員分配。

　　首先可大致區分演出人員、製作團隊兩大類。演出人員包含主持人、來賓等演出者，人數依照組織架構而變。

　　影片製作的頭號人物是演出人員，所以要慎選。我們需要發揮演出人各自的性格，並且依照影片的架構來進行拍攝。演員帶動影片的氛圍，觀眾對影片的印象也會跟著改變。

　　先決定演出人員，還是先決定影片架構，順序不同，影片的製作細節也會變動。決定優先順序

各位應該也很在意拍攝影片需要投入多少人力吧？尤其是第一次挑戰拍片的新手。拍攝人員會因拍攝內容、規模或預算而不同，這裡列出的工作人員類型，是以拍出專業影片為目標的團隊為準。

控時人員

負責與拍攝相關的時間控管。

助理

負責執行各式各樣的準備或雜務。

燈光師

負責打光，讓演出人員、商品、拍攝空間更好看。

剪輯師

配合企畫內容，將所有拍好的影片編輯成一支影片檔。

收音師

負責將演員的聲音、產品服務或發出來的聲音清楚地收錄起來。

駕駛人員

拍攝外景時需要移動，駕駛人員便是負責開車。

時，建議同時考慮製作方的看法，再來做選擇。

找外包人員協助，最大的優點在於可以集結各領域的專業人士，品質會比較好，也比較能放心。如果決定由內部人員支援，那麼就需要將所有的工作項目分配清楚。

導演、攝影師、控時人員、燈光師和收音師，需要在正式拍攝時團結一致，共同參與拍攝的過程。造型師與髮型師的工作，則是讓演出人在鏡頭前看起來更有吸引力，需要在拍攝之前發揮他們的能力。駕駛人員或助理，是協助整個團隊，確保每個拍攝環節順利進行的重要角色。剪輯師負責最後的製作階段，也是不可或缺的存在。

該由誰來負責什麼樣的工作，和工作效率、品質息息相關，請認真考慮並安排工作人員。

column / 01

［寫文案時須衡量資訊量］

製作行銷影片時，我們需要構思「傳播計畫」。傳播計畫是一個重要指南，攸關影片的拍攝、編輯及完成。投入所有心力努力規劃，一起製作出獨具特色的影片吧。

拍攝方向和企畫文案決定資訊量

一旦決定拍攝行銷影片，就一定要考慮到幾個條件。例如是否只拍一支影片？還是要做成系列影片？應該在影片中公開多少資訊？

如果在拍攝時邊拍邊想，跟著當下臨時冒出來的想法執行，有可能會造成影片的趣味性與行銷訴求失衡。因此請在開始拍攝之前，先決定好拍攝方向，再進入文案撰寫或拍攝的階段。至於該如何判斷內容的資訊量，是否有資訊過多還是不足的問題，同樣也請以拍攝方向、企畫文案為判斷標準。

文案架構的兩大形式

單一支影片

只以單獨一支影片闡述最想推銷的主題內容。影片主題只有一項時，採取一次完結的方式。

例1）介紹一項產品

例2）打造個人品牌（用於自我推薦）

連續系列影片

準備多項主題，製作連續性的內容。

例1）準備好所有產品，並逐一介紹

例2）決定個人品牌的主題，製作連續型的影片

一支影片的長度各不相同，有30秒左右的短片，也有超過10分鐘的影片。如果想在有限的影片長度下，將製作人的想法確實地傳達給觀眾，最理想的作法是一支影片一個主題。如果一次塞太多主題，不僅會造成影片時間過長，主題也會變得模糊，而且觀眾的注意力還會被打散，整支影片帶來的衝擊感也不夠。另外，影片的發布量建議和主題數量互相搭配，再由此決定影片的數量。

POINT!

想提供大量資訊，不妨分批發布

製作連續型的系列影片時，你想拍攝許多單支的獨立影片？還是有「未完待續」感的續集影片？採取的形式不同，氣氛也會有所差異。拍片和剪輯時，需要有意識地寫出可吸引觀眾接續看下去的故事發展。

思考架構

本章節將解說拍攝當天的

行程、架構表等事項。

拍攝當天需要在場監督的人,

請務必事先了解這些重點。

預先處理好現場可能出現的問題,

才能避免工作人員

浪費太多不必要的待命時間。

02

01 製作架構表，目標是做出想像中的影片

【架構表的功能】

① 決定談話的流程

如果有一份將各種事項整理起來的架構表，不僅可以用來代替劇本或腳本，還能更輕易地建立產品整體形象。

② 更好懂的行銷訴求重點

各個項目中（建議至少具備右頁介紹的要點），故事愈多的部分，愈容易形成行銷訴求的重點。

③ 影片具有連貫性

回顧企畫內容，更容易製作出連貫且統一的影片。和工作人員共享架構表，團隊更能夠依照指示執行。

先搜集所有資訊，在腦中整理一下思緒，有助於構思內容喔。

首先統整大致的流程

突然被要求製作一份架構表，感覺好像很難，一想到這項任務就不知該如何下手。其實，這裡所說的「架構」，並不是指一字一句寫得清清楚楚，那種類似腳本的東西。

「架構表」是指將許多影片製作過程中所運用的素材統整起來，做成一個大致的流程表。比如說，確定想推銷的產品、服務、內容等行銷訴求主旨，品牌重點或概要、演出人員的談話流程、實際展示等事項，另外也包括以眼神交流展示說服力、拍攝時使用的說明圖卡或板子、拍攝用的道具或雜物⋯⋯。

右頁圖表是我自己想像的10分鐘片長架構表範例。當然，架構表可長可短，可依自由談話或行銷訴求量的差異決定。

如果影片時間太長，觀眾很容易看膩，與其在一支影片裡加入各種內容，更理想的方法是鎖定影片的主題。如果想要表達的事情太多，那麼建議你製作幾支不同版本的影片。

只要有了架構表，影片的製作計畫就能定下來。請務必嘗試製作架構表。

一旦執行影片製作企畫，建議在開拍前先做好架構表。事先安排好流程，較能避免演出人員、攝影師、剪輯師等所有人員的決策主軸搖擺不定。

【架構表範例】

		＜美肌堂　ふわふわクレンジングクリーム＞		MC: ○○○○
セット内容		美肌堂　ふわふわクレンジングクリーム　現品1個　160g　約2ヵ月分/1日2回の使用		
価格		￥3,850 税込　（メーカー希望価格 ￥5,500 より30%off）		
ゲスト		○○○○さん　＜美肌堂　PRマネージャー＞		愛用者：○○（モデル）
ゲスト紹介		グローバルメゾンブランドの化粧品部門で10年間勤務、世界中を飛び廻り美容事情に精通した存在となる。国内産にこだわる美肌堂の世界での評価に興味を持ち、帰国後入社。お客様への誠実な商品作り、サービスを国内外にPRし持ち前の手腕を発揮。日々多忙な毎日を送るかたわら16歳の娘、5歳の息子を育てる母でもある。		
動画展開のポイント		老舗メーカー美肌堂が大人の女性の肌悩みを徹底分析。年齢肌に対して毎日必ず行う動作にエイジングケアの秘訣がある事にヒントを受けて洗顔・クレンジングしながらスキンケアができるクレンジングクリームを2年前に開発。シリーズ累計販売数180万個を突破するベストセラーとして成長した商品。 人気の秘密は「美肌に導く摩擦をしない洗顔」と「肌に嬉しい美肌成分で洗いながら届ける」このWアクション。 動画ではこのWアクションをわかりやすく動き（デモンストレーション）と説明（トークや図解）で理解してもらい、自分の肌と向き合いながら毎日必ずする洗顔のタイミングで美肌へのステップを踏んでもらう		
		【ブランドテーマ：美肌堂とは】		
		創業52年の老舗メーカー。日本女性の美意識に対して常に寄り添いながら企画・開発・製造・販売と一環した自社提供を行う。総ブランド数は15ブランドあり、美肌堂は創業当時から販売されているブランドで国内の信頼度は高く現在では海外の評価も高い。世界30の国と地域で販売されている。美肌堂はターゲット年齢が30代後半アップで、年齢を重ねる事で生まれてくる肌の悩みを分析して悩み別に分かれたスキンケア商品を展開している。シワ、シミ、たるみ、くすみ、赤み、毛穴などトータルケアの可能性を感じるコスメラインナップ。		
		【商品概要】		
		この商品の特徴は「美肌に導く摩擦をしない洗顔」と「肌に嬉しい美肌成分で洗いながら届ける」この2つのWアクション。商品名も「ふわふわクレンジングクリーム」とあるようにすでに泡立ちふわふわテクスチャーになっているので摩擦を避けた洗顔が可能。また、スクワランと植物由来の精油配合で美容成分で洗いながら届ける事で毎日贅沢な大人の洗顔が素肌美へと導く。		
		【ふわふわクレンジングクリームの目指すところ】		
		『何歳になっても鏡に向かった瞬間、ハリのある自分の表情に納得できる肌であること。』 年齢を重ねるごとに悩みが増え、敏感になる大人の女性の肌。若い頃の時と同じスキンケアをしていて、物足りなさを感じる時がある。上からリッチな化粧品を与える前にベースとなる自分の肌自体のケアをする事が美肌への近道。要らない角質を取り、栄養の受け入れ万全な角層へ確実に成分を届ける。ハリのある素肌美を目指すことで若々しさを作り出		
ディスプレイ	デモ	進行内容		使用素材
バックパネル（商品画像）商品	使用イメージ	【ふわふわクレンジングクリーム】 開発3年、発売から2年。		商品現物2セット（手元新品・デモ用）
	販売数フリップ	シリーズ累計販売数　180万個達成！！！ 創業52年の老舗メーカーが35～65歳の女性10万人の肌データを元に徹底分析。肌悩みに対して誰もが取り組める解決の糸口は、洗顔だった！ 1. ふわふわの泡が負担をかけずに優しく洗う→摩擦をしない洗顔 2. 植物由来精油を与える→大人の肌が必要なオイル美容で素肌美を目指す		販売数フリップ
	洗顔デモンストレーション			デモ用タオル・洗面器（お湯）
	肌悩みランキングフリップ（自社調べ）	＜洗顔した後のモチモチ感を見せる＞この感覚がやめられないリピーター続出！ 大人の肌悩みの上位「たるみ」。加齢によってハリ・弾力が失われている証拠。		ランキングフリップ
	特徴フリップ	この肌悩みを毎日する行動の中でケアできないかと考え、誰もが1日に1回は行う洗顔に着目。		特徴フリップ
	片手のみ手洗いデモ	汚れを取り除ききながら栄養を与える技術の開発を試み、誕生。 ふわふわクレンジングクリームの商品の特徴「美肌に導く摩擦をしない洗顔」と「肌に嬉しい美肌成分で洗いながら届ける」 2つのダブルアクション。毎日のケアで自信のある自分の素肌へと導く		デモ用タオル・洗面器（お湯）
	成分フリップ			
	愛用者コメントお値段	＜洗った後の右手と洗う前の左手の白さやモチモチ感とくすみの違いを見せる＞ 洗浄成分と美容成分（スクワラン、植物由来の精油など）の絶妙なバランスで美肌美人を目指す		成分フリップ 愛用者用イス （別でVTR撮影しておいても良い）

標題＋套組內容
品牌名稱、商品名稱、套組內容、特別套組的詳細資訊

價格
記下商品的定價、建議售價或折扣率

來賓名稱與介紹
來賓姓名、職稱，或是自我介紹的參考內容

影片的發展重點
希望透過影片傳達什麼？整理出深入核心概念的內容

品牌主題
在市場上是立於什麼樣的定位與主題？

產品概要
清楚記下產品使用後的效果

目標
最終希望達到什麼樣的理想結果？

執行內容
記下想要展示的內容

使用材料
詳細列出材料、小工具、說明圖卡、VCR等道具

實際展示
記下演出動作與流程的順序

陳設裝飾
放在演出人員後方或前方的道具

02 愛用者與客人的心聲，激發消費者的購買慾

【挑選愛用者的標準】

符合目標客群的人

性別、年齡層或職業等條件，符合產品（服務）目標客群的人才。

貼近理想型的人

可以讓觀眾產生想像的人才。觀眾看了會覺得買下產品（或服務）就能成為這樣的人，並且感到充實。

解決煩惱或問題的人

使用產品（服務）前，本來非常苦惱，使用後大大地改善問題，為此感到開心的人。

有影響力的知名人士

觀眾看到擁有知名人士推薦，會產生「連這麼有名的人都用過，那我也要用看看！」的想法。

如何激發消費者的購買慾？
社群推薦隱藏無限大的契機

客人或愛用者心聲的表現手法，主要可分為三種。①實際演出。②另外拍攝，以 VCR 的形式演出。③展示說明圖卡或介紹板等道具，在上面列出文字內容，請主持人唸出來。

畢竟要透過客人或愛用者的心聲來推銷產品，我們應該都希望儘量讓所有評論都能帶來好的成效。上方介紹的四種類型，是建議採用的演員人選。選角的最大前提，就是必須有「使用後感到快樂，解決了原本的問題」這樣的產品（服務）故事。

能夠散發出快樂氣息的人，他們現在的樣子不同於以往，觀眾看了會產生期待，自己或許也有機會變成這樣的人，像這樣能帶來期待感的人選是很重要的。

挑選推薦人時，還有一件必須注意的事，那就

網路上的評論可以幫助我們審視大局，判斷是否應該購買。透過第三人的意見，思考產品或服務好不好？自己買了會滿意嗎？買了會不會沒用？在影片的世界裡，網路評論是可以被演出來的。

【影片圖卡的愛用者意見調查範例】

☑ 你是怎麼認識這個產品（服務）？

☑ 試用後，感覺如何？

☑ 使用前後的變化，有讓你產生感動的心情嗎？

☑ 當你出現變化後，你的心情怎麼樣？

☑ 使用過後，身旁是否有人發現你改變了？

☑ 使用過後，你的生活是否變得更加充實？

☑ 如果你覺得過得很充實，是什麼樣的狀況令你感到充實？

☑ 有產品（服務）的相關趣事可以分享嗎？

透過素材搜集，提取其中好的部分，並且進一步編輯這些評論內容。

是──獲得觀眾的認同感。如果這個人在視覺效果上沒問題，可是到了錄影現場才發現對方面對鏡頭時完全說不出話，我們肯定會很困擾。

雖然不要求口條達到專業程度，但至少這名人選在使用產品或服務後，能夠由衷展現快樂的心情，而且可以很有自信地說話。此外，如果影片介紹中的產品或服務牽涉到藥事法，一般民眾愛用者有可能會在介紹時，忽視法律方面的相關規定。這一點請拍攝人員務必確實和對方確認，並

且適當修改談話的內容。另外收錄在 VCR 裡的影片，也一樣要多加注意。

推薦人的理想人數為 1～2 人。請主持人對愛用者拋出容易回答正面評價的問題，互相配合。如果所有演出人員都能展現熱情洋溢的氛圍，觀眾就會受到影片吸引。如果是團體交流，主持人和來賓也要努力地交談對話。不過，談話時間過長會讓觀眾感到厭煩，請務必謹記拍攝時間這個大前提，再考量整體談話的節奏。

02 愛用者與客人的心聲，激發消費者的購買慾

【愛用者心聲的理想範例】

健身俱樂部

先說使用結果或成效
及早呼應觀眾想要知道「使用過後效果如何」的心情。

開頭重點提示使用歷程
觀眾會比較愛用者的使用時間和膚質。

我加入這間健身俱樂部3年了。

我在剛加入會員時訂下目標體重，沒想到竟然只花了半年就達成了目標，現在也維持著身材。

我的工作是餐廳經營，平時幾乎擠不出能夠運動的時間。雖然沒什麼運動，但年輕時身形也沒太大變化，但是年過40後，我開始很在意肚子上的肥肉，真的非常苦惱。

正當煩惱之際，我和這間健身俱樂部相遇了。健身俱樂部幫我安排了適當的訓練菜單，我也很認真地到健身房練習。後來，每天站上體重機就高興得不得了。現在的我一直都在保持身材，甚至覺得當時的煩惱根本不算什麼嘛。加入這間健身俱樂部，真是太好了！

Yosuke（化名）45歲

加入反轉劇情
使用前狀況不好，但現在卻改變了。有前後時間性的故事更容易傳達出去。

文字呈現愛用者評論，附上人像照片更有說服力

如何呈現愛用者的評價？我們可以直接現場採訪，或是另外插入影片播放使用者的心得，有時候也可以透過文字簡單介紹。為了增添更多真實感，建議放上愛用者的臉部照片。如果刊出人像、年齡與職業等資料，就能讓商品評價顯得更加真實，而且對觀眾來說，透過愛用者評價也比較有說服力。

舉例來說，日本的公路休息站不時可見蔬菜之類的農產品販售，旁邊還會附上生產者的臉部照片，他們是「看得到臉」的生產者。人與人之間只要有過一面之緣，便能增加親近感，不由地產生可以安心購買的感覺。在影片中放上照片也是同樣的道理。

美容面膜

開頭重點提示使用歷程
觀眾會比較愛用者的使用歷程和膚質。

聚焦個人想法
傳達產品特色
這個產品怎麼樣？表達自己的想法，或是產品的質感，輕巧地帶出廣告訴求。

這款面膜我已經用了一年。

一開始我覺得面膜其實都一樣，當時就隨意地買了下來。沒想到一用才發現不得了！

用了這款面膜之後，肌膚變得超級保溼，好像已經擦上化妝水或乳液一樣。

因為保溼效果實在太好了，前陣子我的朋友還跟我說：「最近妳的皮膚好光滑，看起來好年輕，發生了什麼好事啦？」

CP值很高這點也很吸引人，就算早晚各用一次也不會覺得可惜。一用就停不下來了！

A小姐　32歲

加入第三人的意見
任何人都喜歡得到他人的稱讚。觀眾看過後可能會想，如果自己也使用這個產品，說不定也可以得到正面評價。

經典台詞，抓住觀眾的心
加入「一試成主顧」、「用了就上癮」等經典台詞，加深觀眾對產品的印象。

HINT!

如何挑選愛用者？
熱情很重要

愛用者在影片中登場的最大功能，就是藉由他們來傳達使用後能帶來多大的感動與喜悅？

講話流不流暢，會不會出現方言或腔調，這些都完全沒關係。

熱情和熱忱是選才的必要條件。挑選愛用者的必勝法則，就是選擇能夠充分表現這份喜悅與感動的人。不論原稿內容如何，都能打從心底受到感動的人，他們的心聲可以成為戰勝任何難關的宣言，進而得到觀眾的認同。

03 站在使用者的角度，才是客人開心掏錢的捷徑！

【加入容易讓人想像的故事】

生活中沒有這個產品

觀眾即使現在不使用產品，生活也不會產生困擾，因此感受不到對商品的需求。

只要買下產品，就能改變自己、改變現在的生活。觀眾感受到自己擁有更多的可能性。

有了這個產品，生活就此改變！

讓觀眾想像只要有了這個商品，現在的生活、現在的自己，竟會產生如此大的變化。

產品／服務結合觀眾生活
從使用者的角度推出創意

人在日常中只要能夠依循固定的模式生活，就會感到很安心。然而，一旦人們開始一件日常慣例之外的事，或是被外界強迫而不得不改變習慣，便會很想要拒絕對方。即使當下接納他人的要求，心裡難免還是會有壓力。如果你製作的影片會讓觀眾感受到強迫推銷的意圖，或許本來就想購買商品的客群並不以為意，可是客群之外的對象肯定會因此產生壓力，也很有可能會拒絕購買或無視影片內容。但是，站在銷售者的角度來看，我們無非是希望將產品推廣給固定客群以外的普羅大眾。

想要拓展既有的客群，自然地介紹給更廣泛的人們，就需要站在客人的角度展開談話，也就是「舉出例子，並且結合客人的生活」。下一頁便是商品結合生活的範例，主要介紹的商品為衝浪板。這個例子雖然有一點浮誇，不過我在談話的內容中，讓客人自由想像自己出海、玩衝浪的生活型態（至於衝浪板的規格或價格等條件，就再另外討論）。

在談話內容中結合生活與產品，客人就能自行想像享受玩衝浪板的情境，並且判斷之後能不能過上更充實的生活。當客人腦海中浮現自己很享受、休閒時光更加充實的畫面後，就會產生「這樣或許不錯」的念頭，這時就是我們推廣商品的大好機會！「衝浪板」便會成為客人達到目的的必要工具。

結合客人的生活，擴大觀眾的想像，就能快速拉近產品與客人之間的距離。

製作影片時，我們隨時都應該思考，如何讓客人在未來過上充實的人生？如何過得快樂？只要從這樣的出發點構思，應該就不會偏離使用者的立場。

當你愈來愈擅長運用這種表現方式，相信無論是產品本身還是你自己，都一定會得到愈來愈多的粉絲。

明明很努力地講解，行銷方面也毫不懈怠，卻還是得不到觀眾的迴響。對於影片製作方而言，這是最恐怖、最空虛的事，而且愈做愈不知道問題出在哪裡。其實，原因大多出在忘記站在使用者的角度來構思。

針對對產品沒興趣、無關者的談話內容

以對方不感興趣為前提
首段使用強而有力的方式，吸引那些對衝浪板不了解、沒興趣的人，讓他們願意停下來看看。

花心思擴大
觀眾的想像畫面
打開對方的想像空間，打破既有觀念。

揣摩觀眾的心情，
加入附加價值
想像一下對方的生活方式，在可以接受的範圍內，加入一些能展現價值的事情。

經營推薦人的形象，
打造光明未來的願景
促使觀眾想像自己展開一段不曾想過的全新未來。如果他們心中產生畫面，就表示我們已經確實傳達想法。

你這一生不曾有過衝浪的經驗？我懂你的心情。

你一定無法想像衝浪的樣子，甚至根本沒有想過要買衝浪板吧。既然如此，我又為什麼要向你介紹衝浪板呢？那是因為，衝浪除了能讓我們乘著浪濤玩耍之外，其實還能帶來更多超棒的好事。

我平常會親自到神奈川縣的湘南海岸衝浪，天氣好的時候，富士山會清楚地映入眼簾。藍藍的天，白白的雲，藍藍的大海，配上日本第一的富士山，平時的疲勞一掃而空。上岸後，午餐還能吃上一碗盛滿新鮮吻仔魚的丼飯。更令人開心的是，我還交到了興趣相同的朋友和夥伴。

人通常到了一定年紀，就很難交到新朋友吧？而我手中的衝浪板，就成了我前往海邊的契機。享受衝浪的樂趣，消除平時的疲勞和壓力，還因此大大拓展了人際關係。難道你不覺得，沒有比這個還棒的事了？

衝浪絕對可以助你改變未來的人生觀。

我誠心推薦！

04 使用說明圖卡，協助觀眾深入了解內容

【製作圖卡的四大技巧】

こんにゃく芋は
セラミド含有量の女王様

| | 0 | 20 | 40 | 60 | 80 | 100 |

こんにゃく芋
さつまいも
大豆
小麦胚芽
りんご
柿

出典：向井克之「機能性糖質素材の開発と食品への応用」シーエムシー出版 252 (2005)

1．簡潔有力的標題

理想的圖卡標題，需要讓觀眾一目瞭然。

2．精簡的設計

雜亂無章的設計，容易讓觀眾無法聚焦於文字或圖表，看起來很吃力，請多加注意。

3．色調也要很講究

基本使用不會影響到文字或圖表的顏色。例如，配色選用主題色，展現影片整體的統一感，看起來更有品味。

4．縮小注意事項，放在圖卡下方

「＊個人看法，僅供參考」、「＊本產品不含添加物」等注意事項，並非需要特別強調的內容。請將這些需要留意的內容，以容易閱讀的字體做成注意事項，置於圖卡下方。

10分鐘的影片，大概準備2～3張圖卡。

以減法的概念製作圖卡

說明圖卡明明是一種增加資訊的道具，但意外的是，它的使用訣竅其實在於該如何精簡並精確地將資訊內容呈現出來。那麼，我們為什麼要使用說明圖卡呢？原因有以下兩點。

①想進一步吸引觀眾的意識停留在特徵或裝置結構上，比起口頭說明，更應該以文字來呈現。

②如果只用口頭說明，觀眾會無法掌握某些內容。不妨將無法口頭說明的內容文字化，讓觀眾用眼睛確認文字（例如圖表、表格、成分等，會出現許多名稱或項目的內容）。

使用圖卡的理由大致上可分成這兩點。不過為了充分發揮圖卡的優點，我們也需要注意一些使用訣竅。比如說，資訊密度必須讓人看了能快速理解，以及簡潔的文章、文字大小、設計簡單的圖片等等。

如果觀眾必須一行一行仔細追著文字跑，才能理解其中的內容，這會讓他們感到很疲憊，最後甚至會產生被迫讀書的感覺，進而對內容失去興趣。觀眾難得看了我們的影片，這麼做反而會讓他們關起心門。

無法用口語表達清楚時，建議以「說明圖卡」呈現內容，將圖片、圖表，或是清楚的文章放在板子上說明。如果你想要更有效地向觀眾表達或傳播資訊，那麼圖卡可以幫助你在有限的時間裡，將表演的效果發揮到極致。

資訊量

| 文章的置入方式 | 一項資訊以一張圖卡呈現。產品特色、機械結構、圖表、結論等，將標題分別放在各自的圖卡中，這樣比較容易理解。 |

| 文字的呈現 | 將文章梗概濃縮成一個句子。如果是多篇文章，則採用條列式整理法，不僅看得更清楚，也比較能傳達資訊。 |

| 圖片的呈現 | 文字採用大大的黑體字，字體加粗，清楚地表現文字。如果預算夠寬裕，建議委託設計公司或印刷公司製作。 |

| 傳達方式 | 以簡單好懂的方式，呈現最想傳達的前後變化。字體不要太細，只要著重於說明用的數字或文字即可。放大圖片，表現力會更好。 |

上方視覺化呈現的四個項目，是有助於觀眾理解的圖卡製作要點。當我們在設計圖卡時，想要提出的行銷訴求會一一湧現出來，一不小心就會趨向創作者的視角。不論如何，我們還是要記得回到觀眾的角度，製作出清楚好懂的圖卡，這一點非常重要。

圖卡搭配行銷話術

主持人或來賓在拍攝影片時，會搭配好用的圖卡道具，這時只要留意以下三點，便能發揮出圖卡的效果。

①一邊展示圖卡一邊說話時，不可以只讀圖卡上的內容。

②展示圖卡，看著文字並唸出來。唸完後，再口頭講解每一個項目。

③談話最後，以圖卡所傳達的主旨為總結。

一般的談話內容是以行銷訴求為目的的談話；使用圖卡的談話，則是透過圖卡才有辦法傳達主題與內容，或是進行講解。只要將兩種做法的差異放在心上，應該能在拍攝影片時達到收放自如的效果。

05 「微時刻」 抓住使用者的心

【四個想要的時刻】

 I-Want-to-Know Moments 我想「了解」的時刻

66%的人看了電視廣告後會用手機搜尋資料。

 I-Want-to-Go Moments 我想「去」的時刻

82%的人會用手機搜尋附近地點的資訊。

 I-Want-to-Do Moments 我想「做」的時刻

91%的人想做某件事時，會用手機查詢相關知識。

 I-Want-to-Buy Moments 我想「買」的時刻

82%的人在決定購買店內商品之前，已事先用手機確認過商品資訊。

產生興趣的瞬間
正是說服的最佳時機

當我們想要稍微查詢一下資訊，或是殺時間、購物的時候，都會先拿起手機。不過，這個舉動並不代表你有手機中毒症。

根據Google調查顯示，有60％的人想要查詢某個資料時，會先拿起手機；而使用手機查詢資料的人當中，又有87％的人之後購買產品時，會優先參考手機的搜尋結果。

「突然靈光一閃，開始搜尋事物、買東西」的短暫時間，Google稱之為「微時刻」（Micro-Moments）。

智慧型手機普及之前，到店家裡親眼看看產品的時刻，才是影響消費者決定是否購買產品的最佳時刻。

現在我們會先用手機搜尋，連買東西都只要按幾下就能完成，用戶產生興趣的瞬間，正是我們大舉說服對方的時機。根據調查可以得知，即使用戶實際走訪店面，但他們大部分在前往店家前，幾乎都已經決定好要購買的東西了。

「微時刻」是個蠻陌生的詞彙，但如果你接下來打算在網路或手機等通訊平台上銷售產品，希望你先將這個詞記在腦海中。微時刻到底是什麼？又該如何應用？這裡將為你一一講解。

使用智慧型手機

靈感來自於手機
左頁說明的 4 種微時刻，用戶幾乎都會用身邊的手機瞬間搜尋資訊。

想做	想買	想了解	想去

考量到微時刻的設計

電視廣告	網路文章	影片

留意用戶產生「想要」的時刻，設計出能夠因應微時刻的架構。

把握時機的重要性

　　Google 將瞬間的微時刻分成四類，我們整理在上方。根據我們想推銷的產品、服務的不同，這四類當中該著重於哪一類（單一類或複數類）也會有所差異。在合適的時機，提供合適的資訊，用戶會在了解商品後，成為該產品或企業的粉絲，並且買下產品。

　　為了達到目的，我們必須掌握用戶在時機到來時，正處於什麼樣的狀況或是情境？需要什麼樣的資訊？即使只有一名用戶，他所處的情況不同，需要的資訊也大不相同。

　　舉例來說，針對用戶會在購買前感到不安的事項，我們應該老實回答，仔細為用戶說明使用方式；或是反其道而行，以短片將自家產品與其他類似產品做出區別，讓產品更易於對照；或者在介紹產品時，加強娛樂性。

　　即便是相同的影片內容，只要透過多個切入點來製作影片，就有機會回應用戶的期待。這個觀念不僅限於影片製作，也適用於網站的架設或 APP 開發，可以說是從事所有推廣活動時，都需要思考的問題。

[為什麼？從疑問中激發需求]

觀眾看影片時，會對行銷訴求的重要內容產生「為什麼？」的疑惑。
只要在觀眾產生疑惑時，破除問題，就能一口氣逆轉局勢，使觀眾產
生需求。「為什麼？」即是「我需要！」的絕佳時機！

鎖定問題，展示有效資訊

我們經常回顧過去曾經歷的事物，苦思煩惱著「為什麼？」「怎麼會變成這樣？」我們總是想知道事情發生的原因。知道原因後，我們會「接受」、「解決」，進而產生「必需性」。

行銷影片經常透過許多事物推銷產品、服務或內容，藉此展現優點，因此我們需要在各個重點「事件」裡加入「例證」。如此一來，觀眾便不會產生疑問，還會接受推銷，產生消費需求。不僅如此，我們口語表達的內容也會更有深度。

（舉例）身體乳液

事件： 今天為各位介紹這款身體乳液，採用以往的植物成分，並結合先進技術，是一款從全新思維誕生的身體乳液。

例證： 為什麼我們必須使用身體乳液？因為現代人的皮膚處在比以前更加嚴峻的環境。

臭氧層破洞，導致我們接收到的紫外線愈來愈高，還有花粉、PM2.5、氣候變化劇烈等問題，這些環境問題對肌膚造成的負擔，比我們想像中來得嚴重許多。

為了避免肌膚持續受到傷害，我們必須以對待臉的方式，好好保養身體肌膚。去除身上的老化角質、預防乾燥、做好保溼，這些都是很重要的保養儀式。

為了保養肌膚，今天介紹的這款身體乳液，就此誕生。

在事件之後加入例證，便可以提高內容可信度。很多時候，這些例證還能傳達出影片製作方、演出人員，以及品牌方的願景，真是一石二鳥。

POINT!

觀眾認同的信號

「例證」階段中，隱藏著許多讓觀眾接受或認同的信號，這個潛在的信號就是「喔～」。每個人接受的點都不一樣，所以我們要構思出能得到許多「喔～」的例證。「喔～」的回饋愈多，表示觀眾愈需要這個產品。至於例證的表現方式，並不是隨意猜測，而是引用認真的數據、資料、書籍等素材，深入說明。

演出人員的配置

本章節的要旨在於

解說主持人與來賓的角色配置。

包括為了傳達影片的精彩之處，

主持人應該具備的技能；

以及作為來賓

參與錄製影片的要領。

GOOD!

03

01 掌握人員分配與分工，
使精彩影片更加分

【演出人員各自擔任的角色】

節目主持人（司儀）

　　負責統整、掌控進度的人，擔任最重要的「銷售員」一角。主持人需要聆聽來賓說明的專業知識、第三人的意見，並且將這些內容整理起來，說明產品、服務的行銷重點。價格相關的內容，基本上也是由主持人負責說明。

來賓（該產品、服務的專家）

　　主持人負責控場，並拋出問題、說明等話題，而來賓要在這時負責回答。如果出現專業內容，而來賓覺得必須加以評論時，即使主持人沒有提出問題，來賓也可以自己開啟話題。

貫徹演員的職責

　　拍攝影片時，請先決定好每個演出人員負責的角色，演出人務必扮演好自己的角色。或許有人會想：「怎麼這樣～我又不是演員。」不用擔心，其實角色只分成簡單的三種類型。上方整理的三類角色，分別是主持人（司儀）、來賓（該產品、服務的專家或製造商），也有一人身兼兩角的類型。

　　一般來說，只要將演出人員縮小在這三種類型的範圍裡，就足以因應絕大多數的情況。請你稍微回想，我們在日常生活中各種習以為常的表演形式、實境節目或會議，竟然也有很多像這般以固定的角色分配來進行推銷或呈現的手法。就拿我們平常看的綜藝節目來當例子吧：主持人，以及坐在階梯式座位的時事評論人；座談會的主持人，以及座談會的參與人；又或者是日本漫才中的耍笨角色和吐槽角色……。這些角色分配都有它的道理，而且這些例子也都符合主持人和來賓的角色設定。

　　在影片中加入執行者和對手，另外再加上一名負責炒熱氣氛的角色，就可以增加話題的廣度和深度。如果是由一人獨自擔任主持人和來賓，當然可以請一個人同時分飾兩角。只要演出人能夠切換成不同身分，一次扮演多個角色自然不在話下，總之請先挑戰看看吧。

決定好角色分配，可以帶動五成的氣氛！分配好每一位演出人員的角色，他們就能明確知道自己該說什麼話。談話內容更好懂，觀眾更能理解，氣氛也會更加熱烈！這裡將講解每一位出演人員負責的內容。

多重身分（全部角色由一人擔任）

如果主持人不熟悉或有點害羞，周圍的工作人員幫忙帶動氣氛是很重要的喔！

　　主持人和來賓的談話內容，全部由一個人負責。談話進度、專業內容、第三人的意見、實際操作，皆由一個人負責說明與執行。這個角色講求熟練的技巧，再加上還要一個人營造氣氛、製造笑料，有些人可能會比較害羞。

HINT!

一人面對鏡頭
難度更高

　　一人說話或兩人說話（這是我自己的講法）的感覺完全不一樣。

　　簡單來說，一人說話時，演出人會一直很在意時間進度，容易太嚴肅，可能造成趣味性減半。有些人可能會散發出僵硬的氣息，連觀看的人都感受得到緊張感。即便是專業人士，一人說話也是相當高難度的拍攝方式。

　　相反地，兩人說話可以時而互相助興，時而岔開話題，營造出很好的即興演出效果，整體氣氛會更加和樂。

　　如果你是第一次拍攝影片，選角時可以思考看看，觀眾會比較喜歡哪一種形式。至於打算製作連續系列影片的人，一開始建議先從兩人說話的模式開始，等習慣後再製作一人說話的影片，也可以另外嘗試各種表現方式。在連貫性的影片中，有一人說話，也有兩人說話的形式，像這樣具有變化性的呈現方式，也能讓觀眾樂在其中。

02 主持人的表演功力，左右影片的人氣

【加強主持功力的技巧 1 】

開頭衝刺法

講得誇張一點，「開頭衝刺法」可以將一支影片全部濃縮成一句話，讓觀眾可以馬上掌握這個影片的訴求為何。

1. 談話的開頭說明影片概要

2. 想傳達哪些重要的事？

3. 提出簡明扼要的結論，加快理解

4. 一開始就能讓人眼睛一亮，
   透過視覺吸引觀眾的注意

主持功力包含開頭衝刺、節目節奏，以及讓觀眾下手的推力！

1. 開頭衝刺法

當你在觀看一支時間較長的影片時，你知道自己的注意力可以集中多久嗎？或許你一開始會看得很專心，但之後意識就會漸漸飄向別處，注意力也變得愈來愈渙散。沒錯，任何人的注意力都無法長時間保持高度集中。正因如此，我們必須想辦法吸引觀眾的注意力。

根據實際情況，在影片開頭將內容概要、想傳達的重要事項，甚至是結論也可以，針對這些重點內容都先對觀眾進行概述。除了用說的之外，也可以嘗試做出能嚇人一跳的表演，透過視覺效果來吸引觀眾的目光。

花心思準備開場內容，並且適時加入「衝刺」的素材，就是避免讓觀眾感到疲乏的小技巧。請各位參考上方整理的「開頭衝刺」祕訣，多方運用在自己的影片裡。

衝刺內容帶來的好處是，能讓我們盡可能地有效利用受限的影片時間。一支 5 分鐘的影片，前面花 2 分鐘閒聊，到了後半部才開始進入主題；

觀眾會因為主持人在影片中的操作方式不同，而產生完全不一樣的感受，所以主持人是非常重要的存在。為了贏得「真有趣！」「太棒了！」「我想用看看這個服務！」這類感想，主持人要努力提升主持功力，使影片更加完善。

【加強主持功力的技巧2】

增加談話的節奏感

在談話中加入節奏感的目的，是為了增加談話的轉折變化，觀眾比較不會感到乏味。如果能學會將話題串連起來的技巧，對主持人也會很有幫助。

(1) **談話進展需要有起伏變化**

(2) **運用轉折變化，或是話題轉換時的接話，使談話更有節奏感。**

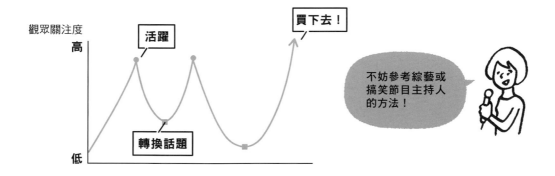

另一支影片開頭閒聊的部分很簡潔，並且快速切入正題，試著比較這兩支影片，你認為哪一支影片比較擅長運用有限的時間呢？不用說，答案當然是後者。而且這項時間的控管能力一定與商品或服務的營業額大有關係。

如果開頭能順利衝刺，影片後面進展也會變得更容易，因為觀眾更容易對內容產生共鳴，影片整體也會更加完善。

開頭即是關鍵──拍片時請務必意識到這句話的重要性。

2. 增加節奏感

在時間有限的影片中，觀眾如何才不會膩？怎麼樣才願意看下去？這個問題對影片可是很重要的前提。為了解決觀眾容易疲乏的問題，除了開頭衝刺法之外，還需要活用具有轉折變化的情節發展。有了起伏跌宕，就能製造談話節奏，並且轉變說法。為了製造談話的節奏感，上面整理了兩種方法，分別是具有高低起伏的進展，以及串連話題的能力，兩者都是很重要的技巧。

02 主持人的功力，左右影片的人氣

【加強主持功力的技巧3】

推觀眾一把

① 重複內容，強調價格

對只差一步就要買下去的觀眾，重複行銷的內容！

介紹或展示的內容都完成一輪後，再次說明最想要宣傳的重點內容，並且附上產品價格，讓觀眾決定出手購買。

② 宣傳折扣優惠

如果價格是賣點之一，就要展現商品物超所值

如果便宜的價格是行銷訴求，那就要在留言區放上「○%OFF、○折優惠」等優惠說明，以具體數字表現物超所值，讓觀眾買下去！

當我們聊起一個話題時，通常剛開始會聊得相當投入起勁，可是隨著時間拉長，便會漸漸失去興致，最後甚至就聊不下去而冷場收尾。主持人需要在話題變得愈來愈不熱絡時，將談話切換至下一個話題，再次炒熱氣氛。這個技巧反覆執行的過程就是談話的起伏變化。加入起伏跌宕，或是轉換話題時機靈地接續談話，就能讓談話產生節奏感。

舉例來說，日本民間放送電視台會播放許多綜藝節目，而大部分的節目都會安排主持人，節目多半也會設置梯形座位，排排坐著評論家、社會人士或是藝人等特別邀請的來賓。主持人會對這些來賓拋出話題、打住話題，有時候還會製造笑點加以嘲弄，或者在輕鬆的氣氛中突然插入嚴肅的話題，完美地掌握現場局面。正是因為這樣的情節發展，能夠發揮出具有節奏感又高潮迭起的效果，所以我們才會百看不膩，盡情享受綜藝節目的樂趣。

負責影片主持的人，要隨時謹記在心，將整個意識放在談話過程的起伏變化上。

③ 比較內容與價格

**如果商品的套組內容很豐富，
相互比價很有效**

　如果賣點是豐富的產品套組內容，就可以比較一般類型和特別套組的差別，進一步比較兩者的價格差距，展現物超所值的感覺，讓觀眾決定買下產品。

④ 展示口碑或評價

**透過使用心得或評論，
傳達商品的魅力**

　介紹用戶口碑或愛用者發自肺腑的分享，讓觀眾感受到「許多人用了都說讚」的事實，接著再說明價格，讓觀眾決定購買。

---

3. 推觀眾一把，排除猶豫

　或許有人會這麼想：「你要我推他們一把？觀眾又不在我面前，怎麼可能辦得到？」這裡當然不是真的要你用手推觀眾，而是指我們要避免觀眾看了影片後，心裡卻沒有興起任何波瀾，最後點選離開影片。除此之外，當觀眾正在煩惱是否該購買產品或服務的時候，為了將觀眾引導到決定購買的方向，我們需要在影片中提出一個「決定性的」宣言。

　可是話說回來，實際上又該說什麼樣的話才好呢？我們可以運用幾種模式來構思宣言。為了讓觀眾做出買下商品的決定，請各位參考上面整理的四個要點。當然，你可以擇一運用，也可以互相搭配組合。

　透過影片挑起觀眾的興趣，開口說話固然重要，但談話時知道何時該停止話題，也同樣是不可缺少的能力。

　請各位一起練習找到關鍵的收尾時間點，讓自己的話術更強而有力吧。

03 來賓輕鬆融入影片的要點

【如何讓觀眾願意看下去？】

令人看不下去的談話

只說自己想說的話

↓

對話題沒興趣的人就會離開

會想看下去的談話

說出觀眾想聽的內容

↓

願意繼續聽下去

這個概念也適用於日常對話喔。

來賓將以產品或服務專家的身分出現在影片中

這裡所說的來賓，是指產品或服務的專家。如果是由一個人來演出影片，演出人員需要同時擔任主持人與來賓的角色；而在交涉對談或小組會議中，不是擔任主持人的角色，就統一稱為「來賓」（guest）。

你曾有過這樣的經驗嗎？和熟人、朋友，或是有工作往來的人談話，對方一直講自己的事，負責聆聽的自己為了回應對方而感到十分困擾，話題變得愈聊愈無聊，最後氣氛冷場了……。人在對話時，當對方一味地要我們聽他說話，我們就很容易感到無聊，這場對談話內容也不會在腦海裡留下印象。

畢竟，任何人都只會專注在自己有興趣了解的事物上。

像是想要把產品或服務賣出去的念頭，某種意義上來說，就只是圖自己方便。如果單方面地說自己想說的話，觀眾會感到很無趣，可能因此離開影片。因此重點在於，我們應該持續說出「觀眾想聽的話」。只要一直挑起觀眾的興趣，他們就會把影片看到最後，並且考慮買下產品。

可是話說回來，觀眾距離我們那麼遙遠，不要說是對他們提問了，連他們的反應如何都無從知曉。那麼到底該怎麼做，才能說出觀眾想聽的話呢？請想像看看，如果自己是觀眾，接下來會想知道什麼樣的內容？想像一下，交叉站在雙方的立場交流的樣子。不僅如此，觀眾也有各種不同的類型，我們可以想像看看，跟這種類型的觀眾會怎麼樣、和那種類型的觀眾對話又是如何。如此一來，說出來的話會有更多變化，也會得到好的評價。

學會自我推薦，為形象加分

本書開頭提到「了解自己」，指的是「了解自

> 「不要說自己想說的話，而是說觀眾想聽的話」。當我們被賦予一段說話的時間，話題很容易愈來愈偏向自己的觀點。但是，你愈想賣出商品，就愈不能講自己想說的話，而是應該提供觀眾想知道的資訊。

【自我介紹和自我推薦】

自我介紹

確切的經歷
簡略的個性概括
自己的本性

自我推薦

經歷與成果
自己的優點和缺點
自己的可能性

> 對自己有信心，對自己相信的產品有信心，就能提案成功！

己對事物的喜好或經歷」。正在讀這本書的你，有辦法推薦自己嗎？我指的不是自我介紹，而是自我推薦。兩者的差別就在於是要介紹自己？還是要推銷自己？在影片中擔任來賓，就是被賦予「產品或服務的專家」這個身分。

在觀眾被產品或服務吸引的過程中，他們會產生一些疑問，像是介紹商品的來賓是什麼來頭？他又為什麼要賣這個產品或服務？

自己不信任的人推薦東西給我們，應該會很不安吧！舉例來說，如果不認識的人突然帶高級點心給你，你有辦法馬上吃下去嗎？我們應該都會擔心裡面加了點東西，感覺很不安吧？相反地，如果是熟悉且可以信任的人帶來的點心，應該就會毫不猶豫地吃下去吧？自我推薦和這個概念很類似，為了得到觀眾的信任，我們必須做出努力才行。

自己是什麼人？為什麼要在影片中演出？這項產品或服務，和自己有什麼關聯？讓客人產

生「這個人說的話可以相信，所以這個商品值得買」的想法是很重要的一點。

推薦的理由？務必準備絕佳舉例

談話設計還有一個重點，就是說一個能夠消除觀眾疑問，讓他們信服的故事。

前面已經提過，觀眾最想知道的是「到底用了之後會怎麼樣？」而接下來觀眾就會進一步想：「為什麼會變這樣？」進而想要知道理由。當觀眾理解了這個疑問的瞬間，就會接受並打開心房。那麼，作為說明這個「為什麼？」的理由，我們必須提出例證才行。如果需要宣傳理由和證據，就必須向媒體或企業廠商提出說明，所以要事前準備好佐證用的資料。

[演出人員的聚會成功法]

當演出人員有數人時，我們總會在意談話中的拋接球是否順利。
如何有效地活用對方說的話，並且活絡氣氛是有訣竅的。讓我們
一起學習聊天技巧，消除錄影前令你感到不安的因素吧。

如何解決令人不安的因素？

主持人和來賓（產品、服務、內容的專家）在影片裡展開的團體討論，和一般的閒聊是完全不一樣的。如果錄影的合作對象是第一次進行對話的人，我們可能會擔心自己和對方是否合得來，比想像中還需要心理建設，感到很緊張。

而其中最需要做好心理準備的，就是擔心是否能在訂好的時間裡，談到切入重點的內容並完成一拋一接，這是不是令你很不安呢？其實只要了解幾個小訣竅，就能解決這些不安的因素。

● **正式錄影前**　盡量和對方閒聊一些無關緊要的話題，多和對方交流（比如彼此的近況或好笑的事情等，透過聊天拉近彼此的距離）。

● **事前協商**　協調整體流程。

● **正式錄影**　如果有想要談的「梗」，就要事先分享（如果是驚喜類的話題，就不需要事先分享，但一定要自己製造打開話題的時機。最糟可能會演變成沒有提到這個話題就結束了，請多加注意）。

● **錄影時**　仔細聆聽對方說的話，努力抓出結束話題的時機。

● **對方的談話**　最後部分一定要仔細聽進去，等輪到自己說話時，再談談這個話題。

● **話題偏離**　這時就要果斷地轉換話題的方向。

● **使眼色**　這類時機由你來創造。

每次拍片都邀請新的來賓，雖然會比較辛苦，卻也能帶來新鮮感；不過相同的來賓組合，隨著每一次的重複合作，默契會變得愈來愈好。無論是哪種模式都有各自的優點喔。

POINT!

過度配合，反而失去自己的個性

如果為了順利地拋接對話而過度顧及對方，演出人員有可能會無法表現出原本的樣子，失去自己的個性。一旦變成這樣，影片就會失去本身的樂趣。配合對方、貫徹自己的個性，需要多多注意這兩者之間的平衡喔。

基礎口語表達方式

演出人員有哪些應該了解的

表達方式、談話的基礎知識？

為了在短片中推廣產品魅力，

口語表達的技巧是必要的武器。

本章將講解知識，下一章接著訓練，

一起提升行銷能力吧！

01 引導階段介紹影片摘要，抓住觀眾的心

【介紹產品與服務的摘要表現法】

產品的實體（服務）	——	思考 這是什麼產品（服務）？ 產品的用途為何？
成果	——	用了之後會怎麼樣？ 明確說明能帶來什麼樣的效果？
產品特徵（服務）	——	介紹能夠達到成果的特色或優點 （材料、成分、研究、技術、製造方式、 企業背景、過去經歷等）
必需性	——	讓目標觀眾產生必需感的 場景或狀況

減輕觀眾壓力的摘要表現法

你接下來要製作的影片，有可能影片的時間較長，也有可能較短。開頭引導的部分和影片時間長短無關，應該簡短地說明，接下來到底要介紹什麼產品或服務？這個東西能夠帶給觀眾什麼

效果？話說回來，現在觀眾願意觀看的影片長度是愈短愈好，所以首先得讓觀眾在一開始就知道影片所要傳達的產品或服務是什麼，之後再進行詳細說明。這麼做比較不會讓觀眾感受到壓力，他們也會願意繼續觀看下去。其中一種方法，就是上面視覺化呈現的「摘要表現法」。那

這個構思方式也和企畫架構有關，這裡會說明如何將需要傳播出去的產品資訊整理起來，並且做成摘要介紹，讓客人能快速理解內容。整理產品資訊時，還要思考內容應該著重在什麼樣的事情上。

具體例子

採用高濃度維他命C配方的
抗老保養強化型高級精華液

• 可改善因乾燥而引起的小細紋
※ 經效能評價測試
• 達到年輕美麗的肌膚狀態

• 系列產品累計銷售量突破50萬
• 比自家既有產品增量20%
• 老字號化妝品製造商
• 由30人研發團隊開發製造

• 因膚況藏不住年紀而感到煩惱的人
• 不管用什麼都對肌膚沒自信的人
• 經常接觸紫外線的人

談話內容

　　這款高人氣系列精華液「C Charge」，累計銷售量突破50萬，其中一款最新的抗老美容液，含有高濃度維他命C的配方，而且比自家產品增量20%。

　　這款精華液可改善因乾燥而引起的小皺紋，是所有渴望擁有年輕美麗肌膚的女性，引頸期盼的產品。由老字號化妝品製造商製造，集結了30人的研發團隊研發而成。

　　膚況藏不住年紀，你很煩惱嗎？不管用什麼，還是對肌膚沒自信？不想敗給每天接觸的紫外線！你有這些困擾嗎？那就一定要試看看這款精華液。

麼就舉一個具體的例子吧。

　　比如說，有一款商品名稱是「C Charge」的高濃度維他命C精華液。這個產品的目標客群是30歲以上的女性族群，她們的愛美意識強烈，而且通常都已經具備了一定的經濟能力。接著就讓我們試著將這些素材整合起來，應用在上面的

圖表看看吧。

　　在具體例子的項目中，以條列的方式寫下你想宣傳的事項。接著只要將這些素材統整起來，寫成台詞，就能變成一篇摘要文章了。

　　更深入的寫作指導，接下來會在下一頁詳細分析並說明。

01 引導階段介紹影片摘要，抓住觀眾的心

【摘要表現法的結構】

商品的實體
這是什麼產品（服務）？
產品的用途為何？

前一頁介紹的摘要
表現法，分開看，
更好懂！

談話內容

> 這款高人氣系列精華液「C Charge」，累計銷售量突破50萬，其中一款最新的抗老美容液，含有高濃度維他命C的配方，而且比自家產品增量20%。
>
> 這款精華液可改善因乾燥而引起的小皺紋，是所有渴望擁有年輕美麗肌膚的女性，引頸期盼的產品。由老字號化妝品製造商製造，集結了30人的研發團隊研發而成。
>
> 膚況藏不住年紀，你很煩惱嗎？不管怎麼保養，還是對肌膚沒自信？不想敗給每天接觸的紫外線！你有這些困擾嗎？那就一定要試看看這款精華液。

成果
用了之後會怎麼樣？
明確說明能帶來什麼
樣的效果？

產品特徵
產品能夠達到成果的特色或優點（材料、成分、研究、技術、製造方式、企業背景、過去經歷等）。

必需性
讓目標觀眾產生必需感的場景或狀況。

三明治戰術

接下來要推薦一個很好用的談話技巧，那就是「三明治戰術」。這個技巧可以幫助我們明確地介紹並順利地推出產品。首現，談話的內容設計要採「結論」→「原因」→「結論」的順序。在結論與結論之間加入原因，也可以採用標題中間夾著說明的方式。

善加利用能強化產品或服務的關鍵詞，就能達到三明治的狀態。

這個戰術將聽眾容易注意到的結論放在開頭，所以較容易抓住觀的心，同時也能防止觀眾離開影片。如果前面的說明太長，還沒講到結論觀眾就離開了，這會錯失讓觀眾購買的機會。觀眾好不容易看了影片，更要抓住他們的心理，不讓他們離開，這點非常重要。為達到目的，依照「結論」→「原因」→「結論」的順序來呈現影片吧。

【三明治戰術的結構】

談話內容

> 「你的膚況藏不住年紀，感到非常煩惱嗎？那我推薦你是用這個產品。」

結論
加入能夠抓住觀眾心理的關鍵字。

> 「這款最新精華液的高濃度維他命C配方，比我們其他自家產品增量20％，可改善因乾燥而引起的小皺紋，讓你擁有年輕的肌膚。」

原因
提出可以合理化結論的產品說明。

> 「所以我非常推薦因為膚況顯露年紀而煩惱的人，歡迎使用看看，它是一款值得信賴的精華液。」

結論
善用連接詞，重複結論，抓住觀眾的心。

什麼是三明治戰術？

結論
∨
原因
∨
結論

拿自己有的東西來練習，更能掌握訣竅喔！

HINT!

三明治戰術
也能培養
演出人員的默契

三明治戰術聽起來很像是為了說服觀眾而使用的手法，但其實它不僅是針對觀眾，也是為了幫助演出人員。

兩個人輪流對談時，有時候我們無法在對方說話時，摸清對方期望自己接下來怎麼回應。當自己就這麼不清不楚的時候，對方就結束了話題，我們會因為不知道該說什麼而非常煩惱吧？最糟還可能演變成雙方陷入沉默的尷尬局面。

這種情況的最佳解套方法，就是從對方的結論開始，最後再以這個結論收尾。對方一開口，我們就知道「喔，他要談那個話題啊」，那就多了思考的時間，可以趁對方說話時，思考自己接下來要說什麼。就在這段期間，對方再以結論收尾。如此一來，你之後就能很有自信地開口談話了。

02 有效運用「顏色、形狀、數字」

【活用顏色的說話範例】

時尚（T恤）

談話內容

> 接下來要介紹的是你現在看到的這款T恤，它總共出了3種顏色。
>
> 有黑色、白色和紅色3種。黑色的色調比較深，感覺比較合身，視覺上看起來更顯瘦。這款白色不是純白的，它更接近米白色，穿起來可以展現溫柔的氣質。
>
> 紅色這件如果要比喻成紅酒，你可以想像一下，波爾多紅葡萄酒那種深色的酒。這款穿起來是不是很有成熟的魅力呢？

化妝品（粉底）

談話內容

> 今天要介紹的粉底液有兩種顏色，分別是亮膚色和自然膚色。亮膚色為膚色較白的人所設計，讓本來的肌膚看起來更透亮。幾乎一整天都不會曬到太陽的人，很推薦你用看看喔。我們還有出另一種顏色，就是自然膚色。這款可以讓你看起來氣色更好，展現出年輕健康的感覺，只要薄薄一層就有遮瑕力。經常從事戶外活動的人也很適合。大部分的人都適合自然膚色款，如果你還在猶豫，不妨選擇這款吧。

活用共通的概念，
做出差異化與好形象

顏色、形狀、數字是我們從小就學過的概念，也是大家都有的認知。首先要以這些共通的概念為標準來端看商品，看看自己要介紹的商品有哪些一樣或不一樣的地方。如果不一樣，就要運用細節說明或舉例，就能和其他類似的產品或服務有所區隔，進而凸顯自家產品或服務的優點。

只要一點點小技巧，就能改變觀眾對產品的印象。這裡要透過幾個範例來介紹。

顏色表現

影像顏色有非常多種色彩模式，當我們看著圖像時，不同工具（手機、筆記型電腦、平板電腦、電視）調出來的顏色看起來會不一樣。購物時經常發生觀眾買下產品，卻在收到貨的時候發現「跟想像中的顏色不一樣」。一旦發生這種狀

有各式各樣的口語表現方式可以形容事物的外形。透過影片呈現，很多人會認為看了就知道東西的樣子，可是只要加入一些話術，商品就會變得非常有魅力，讓人覺得品質更好。這裡將利用範例進行解說。

【活用形狀的說話範例】

家電（空氣清淨機）

談話內容

你現在看到的這款空氣清淨機，外觀設計成可以放在車子的飲料架裡，非常方便！機身前面斜斜的部分，是經過計算後特別設計，這樣可以更有效地吹出離子。

下面左右兩邊會吸收不乾淨的空氣，再從上面傾斜的地方，有效地吹出乾淨的空氣離子。你應該也很在意車子裡面的臭味吧～只要有這台空氣清淨機，你和重要的人一起兜風時，就能享受乾淨清爽的空氣囉。

時尚（裙子）

談話內容

我現在身上穿的是和今天介紹的Ａ字長裙同款的裙子。我只是輕輕地左右擺動，裙子就能形成這麼漂亮的線條。

這款長裙的祕密就在於，從裁剪布料的階段開始便設計成三角形，所以才能做出這麼有蓬鬆感的Ａ字長裙。

況時，客人很有可能會要求退貨。無論對買方還是賣方而言，這都是很可惜的事情，所以我們應該詳細說明商品的顏色。這麼做不僅可以提升客人（觀眾）的滿意度，而且在發布影片時，也能跟著提升效率和利益。上方的商品介紹範例還特別針對顏色帶給人的印象，加以解說。

形狀表現

除了要表現出圓形、三角形、四角形等形狀以外，這些形狀有什麼優點？會帶給人什麼樣的感覺？這也都是形狀需要傳達的事情。

數字表現

數字是用來吸引觀眾注意力的重要概念。有時候數字愈多愈好，有時候數字愈少愈好。舉例的時候，數字也會是不可或缺的一環。是否能夠有效地運用數字，也和影片本身的可信度或可帶來的安全感密切相關。

03 連接詞是你的絕佳武器

【添加連接詞】

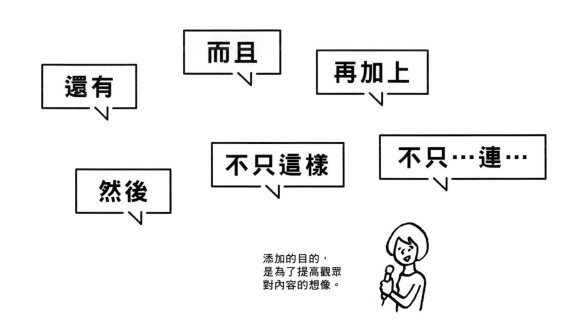

還有

而且

再加上

然後

不只這樣

不只…連…

添加的目的，
是為了提高觀眾
對內容的想像。

活用連接詞，炒熱談話氣氛

你曾看過電視購物節目嗎？可能有些人很認真地盯著電視，有些人則是邊做其他事情邊看，但我認為大家對電視購物的印象都是一樣的。那就是不斷地炒熱氣氛，炒熱氣氛，炒熱氣氛，然後再喊出驚人的價格！令人感到愉悅的購物氣氛，絕對不是像守喪一樣，而是一定要營造出參加祭典的快樂氛圍。「連接詞」正是幫助我們炒熱氣氛，讓我們在畫講到最高潮時，再公開驚人價格的好幫手。

如果能在影片中善加利用連結詞來活絡氣氛，你一定能成為擅長口語表達技巧的人。希望正在

看這本書的你也能掌握這項技能。連接詞的活用技巧，與前面講解過的三明治戰術有關，我們需要活用其中原因、說明的部分。連接詞當中最好用的武器有兩種，就是「添加」和「順接」。添加連接詞，就是在前面的事情後面添加事情，讓氣氛更上一層的存在。展現產品或服務的優勢遠遠不只這樣的感覺，讓氣氛更熱烈吧。

當氣氛達到最高潮，就必須用到順接連接詞。順接連接詞的前面會提到的事情是原因或理由，而後面會連接事情的結論。在氣氛熱烈的時候，以結論收尾。接著再將話題引導到令人開心的價格……大概是這樣的模式。右頁將介紹活用連接詞的例子。

這裡將介紹效果很好的口語連接詞。連接詞的功能並不僅止於連接句子，還可以協助我們加強並表達說話的內容，具有將觀眾的注意力引進談話中的力量。表達過程中的表情或語速當然也很重要。

【順接連接詞】

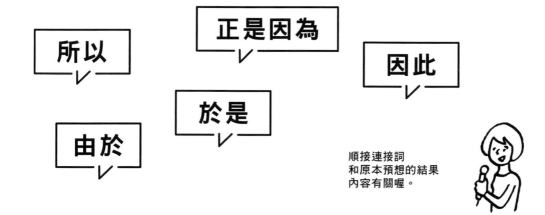

所以
正是因為
因此
於是
由於

順接連接詞和原本預想的結果內容有關喔。

【活用連接詞的範例】

談話內容

現在為你介紹的這款商品是日本國產的蜂蜜。
而且它還是日本人氣第一的相思樹蜂蜜。
相思樹蜂蜜風味不會太重，也很適合用來做料理喔。
還有，把蜂蜜加進飲料裡也非常好喝，加進紅茶裡，更能享受下午茶的樂趣。
不只有這樣喔。相思樹蜂蜜的果糖比例很高，它的特色是不容易凝固，不論你身在寒冷的時期，還是居住在寒冷地區，都可以吃到濃稠柔軟的蜂蜜。
而且，相思樹蜂蜜還能為人體帶來許多功效。
正是因為這樣，重視個人保養和健康狀況的人，一定要試試看這款蜂蜜。

04 產品實際操作，動作務求快速俐落

【吸塵器】

① 初步介紹階段

**在初步介紹的階段
說明畫面中的情況**

「那麼接下來，請各位看看這台吸塵器強大的吸力。
這塊地毯上放了一些紙屑和線頭的屑屑，這邊還另外
準備了一塊放有大塊垃圾的地板。」

觀眾會想要馬上知
道我們說的內容是
不是真的。

② 實際展示

**終於要實際展示了
挑起觀眾的期待與興奮感**

「我選擇使用吸塵器的自動模式來吸垃圾。準備好了
嗎？請看！」
（一口氣將所有的垃圾吸起來）

透過視覺上的展示，
讓觀眾了解實際操作
的內容都是事實。

實際展示產品
是影片中最精彩的片段

當人們看到眼前有一個東西時，會不禁開始思
考：「這是什麼？該怎麼讓它動起來？該怎麼使
用？」我們在展示產品的過程中，便可以善加運
用人類這種心理狀態。讓觀眾看完產品或服務的
真面目之後，接下來就要進入影片中最精彩的片

段了。一起讓觀眾看看實際操作產品時會是什麼
樣子吧！

影片的完整時間，需要依照企畫文案來執行，
可是假若這個產品或服務是屬於可以動起來、現
場就能運作的類型，就請在完成初步介紹之後，
馬上實際操作產品吧。

影片最有魅力的特點，就是「可以實際展示產
品」。我們只要充分活用這項特點，就能製作出

產品展示是指透過產品說明，讓觀眾看看實際動手操作的情況。操作產品之前，必須非常熟悉產品的使用方式。畢竟要一邊口頭講解、一邊動手操作，必須很流暢地完成展示才行。

③ 講解情況

清楚地展示試用的結果
一口氣傳達結論

「你覺得如何？就像各位看到的一樣，不管是小紙屑，還是附著在地毯上的線頭屑屑、掉大地上的大塊垃圾，它都可以吸得乾乾淨淨。這款吸塵器的吸力就是這麼厲害！」

HINT!

先實際操作產品給觀眾看

如果展示產品的片段中包含很有衝擊性的畫面，建議將它放在影片的開頭，也就是直接從展示產品的片段開始播放，藉此吸引觀眾的目光。該如何在眾多影片中脫穎而出，瞬間抓住觀眾的注意力？吸睛就是思考這個問題時，絕不可或缺的要素。還請務必嘗試看看這個方法。

優秀的影片。反過來說，明明觀眾觀看的宣傳是以影片的方式呈現，但產品卻幾乎不會動，他們在過程中會感到愈來愈無趣，雖然很想看到產品實際動起來的樣子，可是又會產生一股奇怪的壓力感。如果觀眾因此離開影片，這就不符合我們最初製作影片的目的了。

為了避免發生這樣的情況，可以動起來的產品最好早一點展示出來，到了影片後半段再重複展示產品會更好。接下來將介紹很有效的產品展示方法。

①早一點進入展示產品的階段，滿足觀眾想看產品動起來的期望。

②播出展示階段中最精彩的片段，誘導觀眾盡快決定購買商品。

請記住這些方法，影片開始之後，早一點進入實際操作產品的階段吧。

05 如何推薦產品？ 從三個立場出發

【一人演出時需要留意的三個立場】

1 產品、服務的公司人員 （經營者、開發者、職員、代理人）的立場

由該產品或服務的公司相關人物發言，意味著觀眾會看到專家，他們會說明觀眾不知道的專業知識、研發過程、技術、甘苦談、公司歷史，甚至是內幕話題，提高談話內容的可信度。這個角色立場與觀眾的信任度息息相關。

2 超級愛用者的立場

在影片裡介紹產品的演出人員，一定都比觀眾還先體驗過產品或服務。為了讓觀眾買下產品，是不是應該表現出很愛用這款產品的樣子？負責推薦產品的主持人，應該要比任何人還早成為超級愛用者，而主持人會從超級愛用者的角度展開談話。談話內容會讓觀眾清楚知道「持續使用產品，會得到什麼樣的結果」。

邀請不同立場的經驗分享 加強內容可信度

當我們被別人推銷東西時，心裡總會這麼想，「因為你是店員，當然會說商品很好」、「雖然我覺得還不錯，但別人怎麼想？」最近很多人會在網路上參考一般使用者的口碑評論。但就算看了

評論，還是有不少觀眾很煩惱是否該買下商品。那反過來說，在影片中銷售產品或服務的賣家，又該怎麼做才好呢？

一個人應該要從許多不同的角度來推薦商品。或許有人會很震驚，認為自己根本不屬於這些立場，怎麼可能辦得到。其實你是可以的。任何一位影片的演出人員，最少都擁有三種立場（上方

店員硬要跟我說話，讓我很困擾，所以就直接離開店面了……你是否也有過這樣的經驗？
這正是因為店員只站在「店員」的立場跟你說話。可是，只要從三種立場出發，客人就會產生共鳴，願意聽你說話。

3 一般使用者的立場

完全不了解該產品或服務的，一般使用者的立場。

一旦主持人決定出演影片，他就不屬於這個立場了。但是，主持人還不知道該產品或服務的存在時，應該曾經和一般使用者是一樣的。

談話過程中，主持人可以從自己還是一般使用者的角度出發，說一說自己當時是怎麼想的？產品如何讓自己感到高興？感受到產品的哪些優點？

談話技巧在於思考一般使用者的想法，從他們的視角端看事物，可以讓觀眾感受到共鳴。

HINT!

一般使用者的立場 就是觀眾的鏡子	雖然介紹過程中需要運用許多的角色立場，但請特別注意，無論如何最貼近觀眾的都是「一般使用者的立場」。一般使用者和觀眾處在相同的角度，這個立場的發言內容可以使觀眾將自己投射進去，並且發揮想像力。這就表示，如果觀眾能在這個時候產生想像，應該就會更認真地聆聽影片介紹。不論我們知道多少專業知識，最後能產生共鳴的，都會是貼近觀眾的話語。

圖說）。如上方的圖片說明，一個人如果有三種不同的立場，感覺就像聽了三個人說話一樣。還有一點很重要，就是每一種立場的行銷訴求類型都不一樣，有可靠的、有效的，也有引起共鳴的立場。影片的演出人員要把握住這三個立場，並且在影片中表現出來。從各個立場出發，改變視角或切入點並展開談話吧。

我們可以藉由這種談話方式，提高商品解說的可靠度，累積觀眾的信任感與安全感，進而挑起他們的購買慾。

下一頁將介紹幾個簡單的例子。我們不曉得觀眾會在什麼樣的談話切入點中產生購物慾。所以請將可能性發揮到極致，營造出影片中有好幾位演出人員的感覺吧！

05 如何推薦產品？
從三個立場出發

【不同立場的說話範例】

產品研發

> 談話內容

接受事前檢測的人當中，有95％的受試者實際感受到肌膚光滑且有彈性。

產品成分採用始終如一的優良成分和漢，經過3年熟成後，製成濃縮一萬倍的配方，讓頭皮表面得到充分的營養，有助於培養富有光澤彈力的髮型。這款洗髮精正是結合前人智慧與最新技術所製成的產品。

超級愛用者

> 談話內容

其實我一直到學生時期，髮量都還算是偏多的類型，平常綁辮子也很費力。可是長大成人後，尤其是過了30歲之後，漸漸開始掉頭髮，我很擔心之後頭髮狀況會愈來愈差。但幸好現在這款洗髮精已經成為神一般的存在了。

畢竟這款洗髮精本來就是我們公司自家的產品，所以我必須推薦它。也因為這樣，原本對它其實不抱什麼期待。但是，後來每天清掃浴室排水溝上掉的頭髮時，我卻發現愈撿愈輕鬆。我想說：「奇怪？該不會是真的有效吧！」當時我真的好高興啊。

於是我就帶著這個商品，拜訪多家雜誌編輯部，跟他們分享這個感動的體驗。

後來，某位主編跟我說：「最近你的髮型變了，我覺得還不錯喔！」我也因此更有自信了。

一般使用者 ——

談話內容

　　從前就有許多人認為頭髮是女人的生命，我很認同這個說法。雖然臉部的光澤感也很重要，但只要頭髮有彈性又有光澤，就能讓人看起來年輕好幾倍。

　　曾經，這個煩惱朝我步步逼進；如今，這款洗髮精讓我體會到保養不嫌晚的心境。

製造商推薦 ——

（來賓本人）

談話內容

　　春天是嫩芽新生的季節。請培養Q彈、有韌性、有光澤的髮質，充滿自信地迎接新的季節吧。全新出品的洗髮精，3月開始發售。等你來購買喔！

　　現在為你介紹的這款洗髮精，是今年3月分發售的新商品。這是一款針對頭髮失去光澤和彈性，並且為此感到困擾女性，從頭皮保養的層面進行構思，並研發而成的全新洗髮精。

以一項產品為例，介紹不同立場在談話中的台詞。

06 拆解故事，行銷訴求一目瞭然

【不同立場的故事分享】

1 主持人的故事範例（商品：美顏機）

> 談話內容

「一開始節目推薦我用看看這款美顏機時，我發現它超級方便的！它具有無線充電的功能，所以到哪裡都能用，真是太感動了。

前幾天我還在家裡的沙發上，一邊追劇一邊用這台美顏機。

做其他事情的同時，竟然還可以一邊保養肌膚，實在是太棒啦！」

舉出自己在生活中實際使用過的例子，表現出產品可以讓使用者「邊做別的事情，邊保養肌膚」的優點。

2 來賓的故事範例（商品：美顏機）

> 談話內容

「我們花了3年的時間研發出這款美顏機。每一次進行改良，公司內部的女性員工都會持續試用，一直改良到所有人都滿意為止，最後完成了這款美顏機。當這款美顏機決定要做成商品時，我感動到喜極而泣。一想到這麼一來客人就可以在自己家裡，享受如置身於美容院般的肌膚保養體驗，我就感到很高興。因為有各位的支持，前陣子舉辦的產品發表會才能如此盛況空前。」

分享公司內部的研發祕辛，觀眾會感受到公司在製作上的用心，進而產生更多信任感或安全感。

故事行銷最強大的祕密

產品或服務的技術規格與詳細資料，是為了讓觀眾買下商品的必要資訊，但很多時候，光有產品資訊沒辦法讓人產生想要買下產品或服務的心境。在影片中說話的時候，最厲害的必殺說話術就是故事行銷。而且，演出人員本人的故事具有不可撼動的行銷效果。

或許你很疑惑，為什麼故事可以讓觀眾產生購買慾，成為最強的必殺說話術？

這是因為，故事是和人物有關的事情。像是日常偶然發生的事件、從別人那兒聽來的傳聞，或是從每天日復一日的生活中感受到自己的喜怒哀樂，有各式各樣的事情。其實有很多案例顯示，這些故事正是觀眾決定是否購買一件產品的關鍵因素。為什麼會如此呢？這是因為觀眾可以從故事中找到共鳴。產生共鳴，也就表示對方想像得到故事的情境，或是曾經歷過相同的心情；也就是說，當觀眾和影片裡的演出人員抱有一樣的心情，就有可能產生自己必須擁有這件產品或服

故事行銷是最強大的必殺說話術。像是生活中發生的事件、從別人那聽來的故事，或是每天生活中感受到自己的喜怒哀樂。其實有很多案例顯示，這些故事是觀眾決定是否購買的關鍵因素。這裡將舉出實際的例子，並且介紹故事清單的製作方法。

【故事分享清單範例】

① 引導階段

- ●真方便，到哪裡都能用！好感動！
- ●公司決定做成商品時，我感動到喜極而泣。
- ●每次進行產品改良，公司裡的女性員工都會試用。

② 季節相關故事

- ●冬天是派對很多的季節，入冬前必須事先做好肌膚的保養。
- ●梅雨季時，要在下雨天前往美容院實在很麻煩，只要有這台美顏機就能在家裡享受美容保養的感覺。

③ 從親朋好友聽來的故事

- ●朋友最近跟我說：「你最近變漂亮囉。你做了什麼啊？」
- ●某天和女性朋友閒聊，聊到要是在家裡就能享受到美容院等級的保養體驗就好了，大家講得好起勁呢。

④ 取自自身過往經歷的故事

- ●在家裡的沙發上，一邊追劇一邊使用美顏機。
- ●和女兒一起逛街，竟然被誤認成姐妹，我好高興。

務的想法。在電視購物的世界裡，故事分享也被視為一種必要的重要表現方式。

主持人需要說話，而來賓也會需要說話。擔任愛用者的演出人員，幾乎都需要分享故事。舉例來說，典型愛用者的說話方式就像這樣：「以前我一直很困擾，但用了這個商品之後，這些煩惱都不再是煩惱了。我真的非常高興！」

一起製作故事清單吧

我們可以在製作架構表（P.32）以前，先做好行銷故事的清單。整理好清單之後，把故事內容收進腦中的抽屜裡吧。雖然故事就是最強大的必殺說話術，但說到誰有辦法馬上就講出好故事，這就是比較困難的部分了。而我的建議就是「製作故事的清單」。

完成清單之後，再將這些故事一一收進腦中的抽屜裡。我建議事先將內容都整理起來，等到必要時刻，在適當的時機下一點一滴地講出來。請各位運用上面列出的項目，試著製作出一份故事清單吧。

07 運用威力說話術，為談話畫下完美結尾

【首先構思話題的「結尾」】

先亮出結尾的例子

這裡運用了結尾＋三明治戰術（P.58）喔。

結尾
先提出與結論有關的結尾梗。

談話內容

「只是穿上這件外套就能這麼顯瘦，效果有夠好。

這是因為，這件外套上半身的部分藏著祕密，上半身的正面及上半身的背面可以看到，我們分別設計了4個縫合褶。

設計這些縫合褶的目的，就是為了不經意地展現修飾身材的視覺效果。只要穿上這款外套就會非常顯瘦，真是令人高興。」

結尾
透過前段提及的視覺效果、設計特徵，呼應這是一款「看起來很顯瘦」的外套。

**最後以威力說話術收尾
明確表達行銷訴求**

在影片中演出時，不論是一開始還是到最後結束，談話都必須讓觀眾聽得一清二楚，內容也必須讓人容易理解。只不過，當我們實際用口語表達時，就會發現雖然腦袋裡知道、實際卻沒辦法

理清說話內容，不要說講清楚了，最後還有可能模糊帶過。

這樣的談話別說想打動觀眾的心了，甚至連要集中觀眾的注意力可能都有困難。我們不僅從頭到尾說話都要很清楚，還要一起學習能夠說服觀眾的威力說話術。

首先要思考我們的行銷訴求。比如目前想宣傳

你是否曾在日常對話的過程中，忘記自己正在聊什麼？在商業場合或影片演出時，可沒辦法笑一笑含糊帶過。尤其是用來連接話題的結尾，更是傳達給觀眾的明確行銷訴求。如何運用具有威力的表達方式，將是一大要點。

【以廣告訴求作為「結尾」的三大步驟】

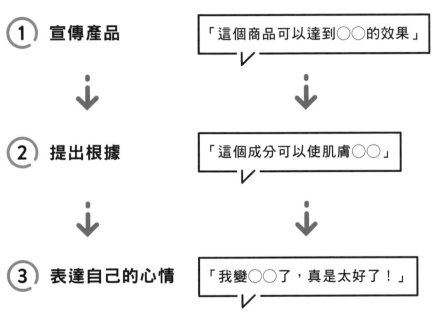

文案脈絡的設計

① **宣傳產品** 「這個商品可以達到○○的效果」

↓

② **提出根據** 「這個成分可以使肌膚○○」

↓

③ **表達自己的心情** 「我變○○了，真是太好了！」

運用視覺畫面，傳達「實際操作的內容」都是事實。

的內容是什麼？最後想傳達什麼樣的事情給觀眾？這些行銷訴求會成為用來連接話題的「結尾梗」。這裡將以左頁的談話內容為例子講解。

重點在於明確地訂下行銷訴求，並用來連接話題，負責談話的人就不會偏離論點，進而以強而有力的方式吸引消費者。看著影片的觀眾，心境會從驚訝轉變成接受，並且產生購買慾。

如果想將行銷訴求放在話題的結尾，可以思考一下上面的表達方式，總共分為三個步驟。

為了製造出很有威力的結尾，理想的方法是先從產品本身、材料、成分開始，最後再以情感層面作結。另外，要避免提出常見的論點等任何人都知道的內容。讓我們一起選出行銷重點，並且展開談話吧。

[如何提升觀眾好感度？]

影片和照片不一樣，可以透過演出人員的表演呈現他們的特質。
觀眾喜歡怎麼樣的說話或表演方式呢？就讓我們一起學習如何
提高觀眾的好感度吧！

提升好感度的溝通方式

表演的最低原則，就是不能讓觀眾看了產生不舒服的情緒。

然而，錄影的時候難免會不知不覺做出讓觀眾不喜歡的表演，有的觀眾可能會因此而產生負面觀感。

接下來將從說話技巧與表演層面來介紹，如何製作出觀眾不討厭且容易消化，還能提升好感度的內容。

不要一直「附和」對方

兩個人對話的過程中，有時候很容易在對方說話時附和對方，太常說出「是、對、沒錯」之類的話。平常閒聊時這麼說話是沒有問題的，但是拍成影片的時候，出現太多「是」，卻很可能會讓人聽了不順耳。我們可以點頭附和，但開口附和對方的次數，不要跟點頭的次數一樣，附和的頻率大概分配成每點3～4頭，再說一次「是的」。

應避免說溜嘴的口頭禪

有時會在講話開頭情不自禁說出「是喔～」，但錄影的時候，記得儘量不要說「是喔～」這類應和的口頭禪。偶爾說一說其實沒什麼關係，但如果太常這麼說，會讓觀眾覺得這個人不太有自信，結果留下沒有信心的印象，也會影響到影片的說服力，所以要多加留意喔。

POINT!

眼睛看向哪裡？讓人怦然心動的簡單訣竅

一般來說，拍攝影片時，演出人員的注視對象就是「相機鏡頭」。一人演出時當然會對著鏡頭，如果是兩個人演出，一不小心就會看著對方說話，但其實我們應該要看著觀眾才對。請記得相機鏡頭的另一端還有一個人，所以要對著另一端的人說話。視線持續對著鏡頭，時常和觀眾眼神交會，觀眾就會產生「影片裡的人只對著自己講話」的感覺，一定會產生好感。

表演的事前準備

說話技巧、發聲方法、儀容整理等細節

都將會直接傳達給觀眾，

本章節將為你講解這些項目。

決定好要演出影片後，

這些知識可以幫助你展開訓練，

隨時隨地準備好儀容。

01 小學生也聽得懂的口語表達技巧

【任何人都聽得懂，都能理解】

目標群眾是高齡族群

如果身邊有小朋友，讓他們幫忙聽看看，確認內容是否容易理解！

若想做出高齡族群也看得懂的談話內容，那麼請想像一下，內容難易度大概是國小6年級的孩子也聽得懂的程度。

你曾經聽過自己在影片或錄音檔裡的聲音嗎？大部分的人聽了會驚訝地發覺自己「講話出奇得快」，或是產生「我原來是這樣說話的啊」之類的想法。反過來說，身邊的人聽我們說話的聲音就是這個樣子。

雖然日常對話不會有太大的問題，但如果需要向對方表達自己想說的觀點，讓人理解並接受，那又是另一回事了。說話的重點在於，我們要在對方的意識裡種下策略的種子，讓對方深刻地記在心頭上。只要透過以下三個要點，就能更輕鬆地表達出來。

1. 說明時，內容要簡單好懂

第一點是調整內容的難易度，大概是小學六年級生也聽得懂的程度。這樣的說話方式可以吸引從年輕人到老年人的廣大年齡層。

2. 避免使用專業術語、業界用語

第二點是多加留意專業術語、業界用語的使用方式。製作與專業領域相關的影片時，雖然業內人士可以理解專業術語，但一般人卻不理解當中的許多詞彙。

因此，請把專業術語、業界用語的使用頻率降到最低。如果談話中出現大量的專業術語或業界用語，難得觀眾願意觀看影片，結果他們不僅會覺得看了沒意義，而且還產生一種被晾在一旁、被忽略的感受。這樣不僅無法得到理解和認同，甚至還本末倒置。

介紹商品的說話技巧包含：①說話速度、②內容難易度、③使用的詞彙（業界專業術語），留意這些技巧就能更輕鬆地向觀眾傳達資訊。在展開談話前，首先讓我們了解一下這三大說話技巧吧。

避免使用業界專業術語

讓不感興趣、不了解相關知識的人理解內容，進而產生興趣！

話雖如此，當然也會出現不使用專業術語就很難充分表現的狀況。不用專業術語就能表達清楚的時候，就儘量用一般人可以理解的方式說明；如果無論如何都需要提到專業術語，那麼就先講出專業術語，再用小學生也能理解的方式，淺顯易懂地說明。

透過影片來宣傳產品或服務時，多次重複講解相同的內容絕對不是一件壞事，反而還能加深觀眾的印象，是很有幫助的行動原則，請實際嘗試看看。

3. 放慢說話速度

第三點，是速度。剛才開頭也有提過，出乎意料地，其實我們講話的速度很快。所以請一定要提醒自己放慢講話的速度。理想的速度是可以瞬間聽見，並理解自己講話的內容。如果要讓他人理解自己講出來的話，語速其實比想像中還要來得慢。請帶著「想讓一萬個人都聽懂」的意念，放慢講話的速度。除此之外，慢慢說話也比較能夠放入感情喔。

「這真是太厲害了！」「你一定要實際體驗看看。」「它具有令人驚訝的神奇力量。」與其乾脆明快地說出這些話，慢慢地說反而可以在話語中加入感情，展現演出人員的paasion。這股熱情是製作影片時最需要的一項條件。

只要稍微調整一下說話的速度，就能創造出展現熱情的機會，所以一定要多加留意自己的說話速度喔。

02 隨時留意說話速度 與內容難易度

【掌握自己的說話速度】

① 錄下說話的聲音

不要朗讀文章,而是錄下自己講話的聲音,或是重現自己跟某個人對話的內容(現在的行動電話或智慧型手機都有錄音功能,選擇方便操作的錄音方式就可以了)。

② 聽看看錄下來的聲音

以客觀的角度聽看看自己的說話速度如何。最好連同說話的音色、流暢度都一起聽進去。

掌握自己的說話速度

你有想過自己平常講話的速度大概多快嗎?

如果是工作場合上經常需要發表簡報,或是在會議中需要主持的人,或許會注意到自己的說話速度是快還是慢。

在影片中說話時,講話速度是非常重要的,在某些情況下,說話速度甚至是大幅影響產品或服務營業額的重要因素。接下來也會協助對自己的語速感到困擾的人,為大家講解有助於日常生活中、錄影時的「語速技巧」。

說到自己的講話速度到底適不適當這件事,只要別人沒有給予提點,而自己也不太在意的話,其實並沒有什麼關係。不過,如果希望自己講的內容可以讓某個人確實理解、得到認同,那就和日常對話不一樣了。為了達到這個目的,我們首先需要確認自己的語速。在開始練習說話方式之前,請先依照上面介紹的課程,檢視一下自己的語速吧。請其他人聽看看自己的聲音,比較可以更客觀地了解自己的說話速度。

學習影片中的說話速度

接下來,將說明在影片中演出時,理想的說話速度會是怎麼樣的。閱讀這本書的讀者,想要介紹的產品或服務五花八門,所以目標觀眾的類型也各有不同。

而其中的共同點只有一個,那就是——讓觀眾聽一次就能理解。讓我們一起學習高年齡層也能

先確認自己的說話速度、講話的流暢度吧。因為錄音內容和平常聊天不一樣，可以請其他人幫忙聽看看錄音的聲音，詢問他們的想法或建議，以客觀的角度了解自己說話的樣貌。

③　請他人聽看看

請其他人幫忙聽看看，並且讓對方誠實地說出感想。像是講話速度聽起來順耳嗎？容易理解嗎？這麼做可以更加改善自己的說話方式。

面對兒童或年長者觀眾，要用第一次朗讀文章的速度說話。

認為自己「好像講太慢」，就是剛剛好的語速！

輕鬆聽懂的說話音量和速度吧。

● 針對兒童或老年人的說話方式，是一句一句、慢慢地說，當話語傳到自己耳裡時，自己就能馬上理解內容。

● 一般來說，認為自己講話「好像有點太慢」的程度，就是剛剛好的速度。

請試著將聲音放慢到這兩種速度。

我們習慣的講話速度，會隨著年紀漸長而逐漸變成自己熟悉的速度，已然變成一種習慣，很難改過來。比方說，當我們情緒激昂、感到興奮的時候，講話是不是會不自覺地愈來愈快？調整語速的小祕訣，就是當自己講話時，心裡要想著「會不會講得有點太慢了」。當我們在影片中說話時，只要隨時把這個念頭放在心上，時時敦促自己，這樣的語速就沒問題了。

加強目標觀眾對內容的理解

讓目標觀眾更了解內容的祕訣，就是調整說話速度，並且改變內容的難易度。舉例來說，如果原封不動地唸出大學醫院的學會論文，年紀還很小的幼稚園兒童根本聽不懂。至少要說明論文裡記載了什麼樣的內容，並用小朋友也能理解的方式，淺顯易懂地解釋出來，不然他們是不會願意聽我們說話的。

在影片中進行說明時，說話的難易度也要配合目標觀眾的程度，這點非常重要。

請記住，說話速度及聽眾理解程度的重要性，先確認看看自己的語速有多快吧。

03 腹式呼吸發聲法

【腹式呼吸法與發聲技巧】

① 放鬆身體（尤其是肩膀）

以肩膀為主，放鬆身體的力量。提起肩膀並且快速放下，就能達到放鬆的狀態。

② 脊椎挺直

挺起脊椎，胸部不要挺出來，下巴內收。稍微在肚臍下方施力，並夾緊臀部。

【發聲練習】

① 學習腹式呼吸法

身體站直，雙腿與肩同寬，手放在腹部。

② 慢慢地發聲

以腹式呼吸的方式發聲，「ㄚ－ㄟ－－－ㄡ－ㄨ－」重複做3次。

影片中最理想的說話方式，就是運用腹式呼吸法發聲。腹式呼吸法即是從腹部發出聲音，讓我們發出強而有力、擁有有說服力的音質。不只是男性，女性也要記得用腹式呼吸法說話喔！

③ 鼻子吸氣，腹部膨脹

用鼻子大大地吸一口氣，使腹部脹大。吸氣時，注意力集中在肚臍以下，而不是胸部上。

④ 從嘴巴吐氣、發聲

從嘴巴慢慢地、一點一點地吐出長長的氣。吐氣時，一邊在肚臍下方附近施力。

③ 慢慢地發聲

接下來，同樣用腹式呼吸法慢慢地發聲，唸到最後一個音時，聲音拉長並吐完氣。發出第一個音時，要以用力吐氣的方式發聲。

03 腹式呼吸發聲法

【說話伸展操】

大大地張合嘴巴

大大地張開嘴巴,再閉合起來,重複動作。

做鬼臉

擺出各式各樣的鬼臉。

轉動脖子

順時針、逆時針轉動脖子,張開嘴巴,放鬆地動作。

動一動肩膀

上下活動或轉動肩膀,幫助臉部周圍的淋巴循環。

按摩下巴

用手指按壓，在上顎和下顎連接處按摩。

HINT!

建議嚼口香糖

　　上場演出前，我習慣嚼一下口香糖。嚼口香糖可以伸展下巴，促進唾液分泌，預防因緊張引起口乾的問題，而且口香糖還能幫助我們做好口腔禮儀。

錄影前嚼一下口香糖，可以活動下巴、預防口乾舌燥喔！

HINT!

練習繞口令 加強說話流暢度	「和尚端湯上塔堂，塔滑湯灑湯燙塔。」 　　這句話是繞口令中經常被拿來練習的例子，而我會推薦這句繞口令也是有原因的。 　　當我以主播的身分第一次參加研修訓練時，當時有位負責訓練NHK主播的老師，只憑我唸的這一句繞口令，就猜出我的家鄉地。老師並不是根據方言或語調來判斷，而是從母音或鼻濁音等微小的發音變化來判斷我來自哪個地區（※譯註：鼻濁音為日語會話的發音情形，並非中文地區的現象）。這件事實在讓我太感動了，到現在都還記得很清楚。我的恩師對著將來要站在人前說話的我說出了這句繞口令，我現在依然會在正式錄影前練習這句繞口令。希望你也能每天多多練習，上場錄影之前，請進行3次左右的發聲練習，讓嘴巴動得更靈活。

04 想要展現自然的一面，就從打理外表儀容開始！

【一般常見的清新服裝】

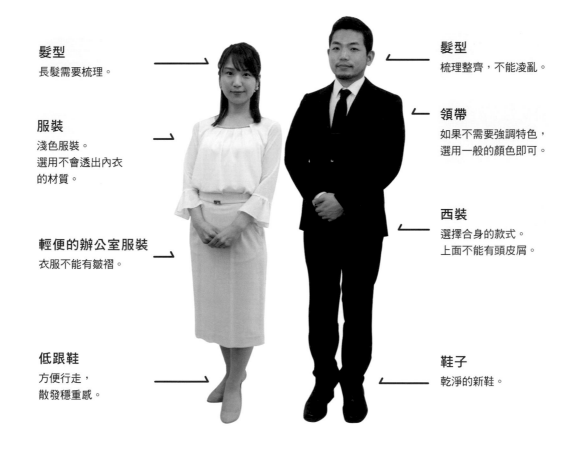

髮型
長髮需要梳理。

服裝
淺色服裝。
選用不會透出內衣
的材質。

輕便的辦公室服裝
衣服不能有皺褶。

低跟鞋
方便行走，
散發穩重感。

髮型
梳理整齊，不能凌亂。

領帶
如果不需要強調特色，
選用一般的顏色即可。

西裝
選擇合身的款式。
上面不能有頭皮屑。

鞋子
乾淨的新鞋。

保持乾淨整潔，避免散發疲憊感

我們會根據推銷的產品、服務，或是目標觀眾的年齡層來決定服裝儀容，但重要的是，任何時候都要隨時保持一身能夠給人好印象的外表儀容。「散發良好印象」的風格也有很多種。

舉例來說，有類似主播的服裝風格，清新且顏色優雅；有的是表演搖滾樂的音樂人，或是以美容為主題的美容師，身穿優雅又能凸顯白皙胸口

的洋裝。販賣運動產品的人則可以穿上制服；如果是推廣當地景點的影片，可能會出現當地偶像的服裝或布偶裝。

打理好服裝與儀容，讓觀眾產生「我想要這個主題、產品或服務」的念頭，或是讓他們聯想到自己想看的畫面；如果觀眾看了你的影片，甚至產生「不能錯過這個人出現的畫面！」、「不知不覺就把所有影片看完了」、「我最近成為這個人的粉絲」種種想法，那就是能夠「引人好感」的外

見面頭秒鐘，憑外表就能決定一個人的第一印象。雖然第一印象看的是外表，但不需要依靠好看的臉蛋，或是高檔的衣服來襯托，決勝點在於能帶給人好感。拍攝影片時，打理好服裝儀容，隨時都要帶給觀眾好印象喔。

服裝

- 穿著沒有皺褶的衣服
- 使用除塵滾輪之類的工具黏一黏，清理衣服上的灰塵或毛絮
- 確認是否有扣好釦子、拉好拉鍊
- 把領帶或蝴蝶結調正
- 鞋子要擦乾淨，不能有髒汙

髮型

- 事先洗好頭髮
- 如果有特別在意的地方，像是留長的髮色或白頭髮等，不妨重新染髮
- 利用髮膠整理髮型
- 需要考量到髮型和服裝的協調性

妝容

- 妝容不要太淡，也不要太濃（建議錄影前先拍照確認效果）
- 稍微加強腮紅，展現健康的好氣色（照明方式也會影響效果）
- 確認口紅沒有塗到牙齒

指甲

- 修剪指甲
- 請美甲師協助清理肉刺或死皮，塗上有清新感的顏色
- 演出前，擦一些護手霜保溼

表儀容。當然，最基本的禮儀就是要清潔指甲、整理頭髮。

打造清新感，提升觀眾好感度！

我曾經長期待在電視台工作，後來發現了一件令人意外的事，那就是觀眾會很仔細地觀察演出人員。觀眾會檢視你的穿著，發現一些無心的小失誤。

舉例來說，當我看到在電視鏡頭上說話的國會議員時，如果身穿西裝的他，肩膀上散落著一些白色屑屑，那麼不管他講話多有力道、多有影響力，我都會瞬間失去興趣。明明內容很不錯，但觀眾卻將注意力放在無關緊要的地方，而且還因此留下不好的印象，這樣根本是本末倒置，實在很可惜。

為了讓觀眾將百分之百的注意力停留在行銷的內容上，錄製影片時要記得避免那些會帶來負面印象的因素。

[好感度UP的服裝儀容]

只要依照服裝儀容的基本原則，並且凸顯演出人員的特色，就能打造出一名成功的表演者。保持清新感的同時，請慢慢釋放你的個人特色，成為魅力四射的表演者吧。

☑ 每次演出時，都穿戴上某種特定的物件，讓觀眾記住自己。
（例如：服裝的顏色、領帶的圖案、髮型、眼鏡、飾品等）

☑ 不要穿戴過於細緻的條紋或圖案，可能會造成畫面出現閃爍。

☑ 不只女性需要修眉毛，男性也要修剪過長的眉毛。
用眉筆稍微修飾眉型，讓臉部輪廓或眼神更好看。

☑ 不管擦什麼，皮膚看起來都會比較年輕有光澤，所以演出前請做好皮膚保養。

☑ 演出時，不要穿著特定品牌的服裝或隨身物。
（請穿不會露出 Logo 或商標的服飾）

☑ 若有必要，請拿下手錶。

☑ 注意演出人員的整體色系，不要與背景顏色太接近。

☑ 搭配飾品需要考量到是否和服裝、妝髮等整體保持平衡，或是是否有搭配宣傳產品或服務的介紹內容（同時也要注意，不要穿戴太多飾品喔）。

POINT!

別忘了留意衣著的品牌！

舉例來說，動物保育或環境保護相關的影片裡，如果演出人員穿戴會引起環保爭議的物品，或是穿戴的品牌價值觀和影片主題背道而馳，那麼不要說讓觀眾產生興趣了，甚是有可能引來批評的聲浪，一定要多加小心才行。另外，也要留意服裝印花上的圖案與文字內容喔。

拍攝前的準備

不同的錄影場景，

器材的選擇上也會有所不同。

如果你需要在撰寫企畫的階段編列預算，

或是在專案中擔任攝影人員，

首先便要了解攝影的基本知識。

01 影片製作的基本知識
影片是什麼？一起來了解！

【一連串的靜止畫面與影格率】

30 fps

影格率

60 fps

影格率範例

電影　24ftp

大部分的歐洲電視　　25ftp

日本電視　　　　　　30ftp

※或是29.97fps

帳數愈多，畫面就動得愈流暢。就像手翻書一樣呢！

什麼是影片？一起了解影片的原理！

　　影片就是在固定速度內快速切換圖像的展示方式，簡單做個比喻，就像是把靜止的畫面加入時間軸裡。相信不少人曾做過手翻書動畫吧？影片的原理便和手翻書動畫一樣。

　　每一張切換的圖像，稱為「幀」（frame），而每秒顯示的圖像數量（也就是指切換的速度），稱作影格率，單位是fps（frames per second）。

　　當畫面達到24fps以上的速度時，人們便會認定這樣的呈現方式為video（影片）。想當然耳，影格率愈高，影片的流暢度也就愈好。所以影片可以做成50fps、60fps的影格率，也就是上面所呈現的電視影格率的2倍。尤其表現運動賽事等激烈動作的影像時，大多便會選擇使用60fps來製作。

　　電影的影格率之所以會比較低，背後原因是對於電影膠片的一種留戀情懷，雖然畫面的動作較

開始錄製影片之前，需要先了解什麼是影格率和解析度。不同影片適合的影格率也不相同，所以我們要先了解自己想拍的影片每秒需要多少幀數。了解影格率和解析度，就會對數據量更有概念。

【解析度＝了解畫質的精細度】

畫素的大小差異

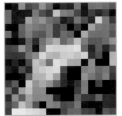  

16×16畫素　　32×32畫素　　48×48畫素　　1545×1545畫素

← 低解析度　　　　　　　　　　　　　　　　　　高解析度 →

POINT!

主流的影片解析度

類比電視	640×480	（約30萬畫素）
DVD	720×480	（約35萬畫素）
HD（720p）	1280×720	（約100萬畫素）
數位地面廣播電視（Full HD）	1920×1080	（約200萬畫素）
4K	3840×2160	（約800萬畫素）

SD16:9
（854×480）

HD（1280×720）

FULL HD（1920×1080）

粗糙，可是卻更好地保留了「電影的味道」。近期的單眼數位相機也附加這種電影感的設定，所以有時為了呈現「電影感」，反而採用24fps來拍攝影片。此外，影片的檔案大小計算很簡單，2倍的影格率，即表示在同樣的時間內，檔案大小同樣會變成2倍。

影片解析度（影像尺寸）

影片是由一張一張的圖像所構成，這些圖像就是所謂的「膠片」，而膠片正是由橫向與縱向排列、整齊規律的小圓點聚集起來而構成。處理數位圖像或是影片時，我們把這些小圓點稱為「畫素」（pixel／像素）。

HD或4K之類的名詞，主要都是指這個解析度。解析度就是橫向排列的點×縱向排列的點。

有時也會將兩者相乘後，以○○畫素來表示。這種表達方式和智慧型手機或數位相機功能中的「○○畫素」是一樣的。

02 錄影之前，先決定檔案格式！

【檔案數據的結構】

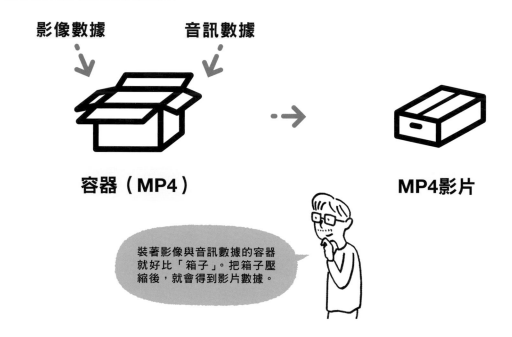

容器＝檔案格式

影像數據　　　音訊數據

容器（MP4）　　　　　　MP4影片

裝著影像與音訊數據的容器就好比「箱子」。把箱子壓縮後，就會得到影片數據。

編解碼器是什麼？
壓縮與播放影片的裝置

你有過收到別人傳來的影片檔，卻沒辦法用自己的手機或電腦播放的經驗嗎？就好比圖像檔有許多種類，像是 JPEG 或 PNG 等等，影片檔案也同樣分成很多類型。

正如前一個章節介紹的影片，若影片要容納大量的圖像，檔案的尺寸就會非常大。舉例來說，製作 60 fps 的 HD 檔案，一分鐘的影片長度就超過 22 GB。另外再加上音訊，應該就會占滿整支手機的容量。而且，下載一支一分鐘的網路影片

檔，就要花上好幾個小時。為了縮小影片檔（撇除例外的情況）的數據量，需要進行特別的處理，那就是所謂的「壓縮」（編碼 encode），將經過壓縮的檔案解壓縮並播放的操作過程，稱為解碼（decode）。負責執行壓縮和解壓縮的演算法（程式），稱為「編解碼器」（codec）。也就是取 encode 中的 code，以及 decode 中的 dec，變成 codec。

圖像與音訊檔案在大多情況下都會被壓縮並儲存起來。通常只要將大部分的圖像和音訊檔想成「編解碼器＝檔案格式」（JPEG 或 MP3 等）就沒問題了，但如果是影像檔，編解碼器和檔案格式

到了拍攝影片的階段，我們會面臨選擇檔案格式的問題。檔案格式攸關影片的畫質，可不能隨便決定。不過，我們也不需要了解所有相關知識，只要理解「編解碼器」這個不熟悉的東西，就能選出最佳檔案格式。

如果影片要發布在網路上，選擇MP4最安全喔。

主要的影片檔案格式

AVI ················· 以往主要用於Windows系統的檔案格式。
WMV ·············· 主要用於Windows系統的檔案格式，使用比AVI壓縮功能更好的編解碼器。
MOV ·············· 主要用於macOS系統的檔案格式。
MP4 ·············· 網路影片最常使用的檔案格式。
AVCHD ··········· 以往家用攝影機的主流檔案格式。
XAVC-S ··········· 索尼（Sony）單眼相機、攝影機的獨立檔案規格。容器類型為MP4。

目前網路影片的一般設定

① Full HD以上

② 30p或60p

③ 音訊44.1kHz或48kHz

④ 檔案格式為MP4（編解碼器H.264）。

卻是不一樣的。上方整理了幾種常見的主流影片檔案格式。檔案格式有時也稱為「容器」，每種格式對應的視訊或音訊編解碼器都不一樣（這個部分相當複雜）。

不同儲存方式，呈現不同美感

必須準備可以與檔案格式和編解碼器對應的軟體，才能編輯或觀看影片。如果軟體可以用來開啟檔案格式，卻不能對應編解碼器，有時也會出現無法播放影片的情況（這就是上面提到的「複雜」情況）。

Edge、Chrome、Safari之類的網頁瀏覽器，

其各自對應的檔案格式和編解碼器也各不相同。每種編解碼器的特質大不相同，也都具備不同的壓縮功能（在不破壞原有畫質的情況下，將檔案縮小的能力）、播放功能（播放時必備的電腦處理能力）。

根據不同的情境，選用合適的編解碼器，就能觀看品質與設備功能（電腦、網路）達到平衡的影片。當我們在YouTube或Facebook等影音平台上傳一個檔案之後，會自動生成多種格式與解析度的檔案，並且根據用戶的使用環境（智慧型手機、瀏覽器類型、網路功能），將最合適的檔案發布出去。

03 錄影前期與 錄影後期的工作內容

【前期製作】

概 要

編寫劇本、繪製分鏡 ···→ 商品的特徵或優點
（素材、成分、研究、技術、製作方法、
企業背景、經歷等）

決定演出人員 ···→ 思考哪個場景需要哪些演出者，除了節目主
導人之外，還要尋找受訪者等人，整理好名
單後再提出演出邀約。

勘景 ···→ 勘查場地的簡稱，提前確認會場的意思。
事前勘查的時候，也要大致決定拍攝的鏡頭。
若以單眼相機拍攝，需要決定鏡頭的焦距。

準備小道具 ···→ 準備攝影時需要用到的小道具、服裝等。
以宣傳的商品為基礎，利用桌面顏色
之類的小巧思，改變影片的氣氛。
準備並整理好錄影需要用到的工具，
包含腳架等不會實際入鏡的東西。

事前彩排 ···→ 彩排的條件必須非常接近正式開拍的情況。
彩排的目的大致分為兩種：
●演出人員或攝影人員進行練習
●確認劇本內容或器材等條件是否過於勉強
若有發現問題，事後再反饋到劇本上。

> 到正式錄影以前的
> 這段期間，稱為前
> 期製作。

製作細流表 ···→ 決定錄影當天的時程表。
這部分很容易忘記，卻是非常重要的環節。
為了讓當天錄影能順利進行，
要將人員移動、準備、彩排、錄影的時程
整理起來，做成一份完整的細流表。
細流表可以協助我們避免漏拍重要場景，
大幅降低錄影當天的心理負擔。

影片的製作工程，以錄影階段為分界線，分成拍攝前（前期製作）與拍攝後（後期製作）。
思考各製作階段的作業內容、執行期間與成本，有助於評估人員分配、預算與時程。

【錄影】

> 依錄影當日的規模，決定人員分配與流程形式。用心製作一份細流表（P.97）吧！

【後製】

暫定編輯 ‧→

概要

> 將錄製好的影片，以及收到的素材統整起來，用電腦大致編輯。將大致完成的影片拿給權益關係人看，取得對方的同意。實際編輯後，有時會發現某些場景設計不夠自然，這時不要被劇本侷限，必須大膽地調整結構，做出取捨。

> 錄影結束後的階段稱為後製（後期製作）。

正式編輯 ‧→

> 相當於影像製作的最後加工階段。正式編輯影片的方式，會因為影片或製作人的不同而有很大的差別，以下是標準的編輯流程。

① **配音**

錄製旁白等錄影時沒有的聲音。

③ **聲音效果**

調整聲音。例如去除雜音、加入背景音樂。

② **色彩校正、影像特效**

在轉場過程加入特效、調整每個場景的亮度或色彩。加入影像特效，製作出整體統一的自然影像。

④ **特效文字**

加入特效文字（文字訊息）或Logo等字幕。有很多網頁上的影片在觀看時無法開聲音（尤其是串流外廣告等類型的影片），所以放上特效文字會比較好。

上傳影片 ‧→

> 輸出檔案，並將完成的影片上傳至YouTube或Facebook等平台上。不同平台的解析度或影片格式各有差異，必須多加注意。

04 尋找理想的錄影場地

室內錄影場地

① 利用辦公室、起居室

**宣傳自家公司的產品
不妨多加利用辦公空間！**

在自己的公司裡錄影就不需要花費額外的成本，假使之後需要重新錄影也很方便。對流程還不熟悉時，錄影會比想像中還花時間，或是經常發生沒準備好重要工具，因此需要暫停錄影之類的意外狀況（沒事的，每個人都走過這條路）。利用自己的辦公空間，彩排時間也會比較充裕。了解公司氣氛的好處在於能夠增加信任感，還能在公司內部宣傳公關活動。如果錄影的辦公室裡同時有其他工作正在進行，必須特別注意是否有雜音被錄進去。請討論一下拍攝時間，選擇在上午或午休等沒有其他人的時間錄影吧。

如果各位公司的會議室或會客室有開放使用，大多可以減少雜音的問題。

② 租借工作室

**費用以時數或天數計算
請選擇攝影專用的工作室吧！**

許多攝影或錄影專用的工作室，提供以半天或全天為單位的租借服務。攝影專用的工作室有提供燈光、攝影器材、線材等設備，很多工作室還會提供可以增添氣氛的攝影小道具，協助我們拍出好看的畫面。另外，也有虛擬攝影棚等類型，這種工作室備有用來製作合成影像的綠幕。

POINT!

檢查一下工作室的環境吧！

「租借工作室」還包含了攝影工作室以外的類型，像是音樂專用工作室、舞蹈工作室等，尋找場地時要特別留意是哪一種工作室喔。

除此之外，有些拍照攝影專用的工作室，可能不太會考慮到錄音的效果。

室內攝影的特色

① 不受天氣或時間的影響

② 可隔絕外部聲音

③ 可利用照明設備

也可以在網路或攝影雜誌上搜尋攝影工作室喔。

除了產品和演出人員，背景與周圍的風景也是加強說服力的重要條件。如果想凸顯商品或服務，就要使觀眾產生「想體驗看看」的期待；假若是推廣觀光景點，就要拍出讓觀眾不只想看畫面，還要「親自前往」的景色，讓人瞬間感覺影片內容與「自己緊密關聯」。

戶外錄影場地

③ 租借空間

租借可用於錄影的空間
預先確認電源供應環境

租借空間比租借攝影工作室還經濟實惠，而且更省時省力。現在有一種租借房間或建築物是以每小時為單位計費，提供會議或派對等活動的場地。像是有名的 Airbnb 民宿也很適合作為錄影場地的選項之一。雖然租借空間和臥房一樣，會出現雜音之類的問題，但它可以營造出和平常不太一樣的氛圍。

HINT!

也可以利用空間租借的媒合平台，
找到合適的錄影空間

海邊、山上、公園、露營地

許多戶外場地需要得到拍攝許可
務必提前確認

如果需要在戶外使用產品，或是推廣戶外活動、觀光景點等，就必須在戶外錄影。拍攝外景時，天氣或時間會影響可拍攝的畫面，所以必須事先調查、擬定替代方案才行。

HINT!

準備臂章

在商店街等人潮眾多的地方錄影時，若有負責指揮交通的工作人員協助，拍攝過程會更順利。準備臂章之類的道具，提醒路人目前正在錄影，明示自己隸屬的單位，行人也較願意配合。網路上有不少管道可以買到臂章，上面的文字也可以用 Word 等軟體製作喔。

錄影場地該在室內？ 還是室外？

錄影場地大致分為室內和戶外兩種。這兩種場地各有優缺點，以解說為主的行銷影片大多在室內進行拍攝；如果行銷主題是需要在戶外使用的產品、戶外活動、觀光景點等，外景拍攝是必不可少的。外景拍攝會受天氣或時間的影響，可以拍攝的畫面也會跟著改變，所以必須事先調查、擬定替代方案。如果要在露營地拍攝烹調料理的畫面，必須確認該場地是否能用火。

05 錄影當天的事前準備，與當天的注意事項

錄影前～錄影當天

① 勘景

勘景＝事前查看場地，以便擬定流程，並預防可能發生的狀況

如同 P.92 的說明，如果情況允許，錄影之前先勘景較能令人放心。

勘景時，大致需要確認的項目如下：
- 錄影場地的使用時間
- 電源供應等設備
- 可拍攝的角度或構圖
- 明亮度
- 聲音環境（噪音或回音等）

勘景可以幫助我們更具體地想像錄影狀況，並且共享資訊；愈多相關工作人員參與勘景，之後的討論就能愈順利。

另外，可用手機之類的攝影工具拍下錄影的候選場景、周圍環境，之後向權益關係人說明會比較方便。

② 拍攝日期與替代日期

戶外錄影可能會因天氣狀況而需要調整時程，請另外準備替代日期

待演出人員、拍攝場地許可等事項確認後，再決定錄影日期。戶外錄影無法預測天氣狀況，所以一定要事先訂好一天替代日期作為備案。

還不熟悉錄影流程時，可能會發生忘記拍攝重要場景、錄影失敗，或是到了編輯階段卻發現必須增加重要場景之類的問題，決定替代日期時，如果也考慮到這些層面會更好。

準備日需要確認攝影師等工作人員的行程。

錄影的事前準備很重要

拍攝影片必須一次定勝負……這麼說或許有點誇張，但其實製作影片的過程中，錄影占蠻多時間的，是失敗風險很高的一大工程。決定好必須拍攝的拍攝場景和鏡頭之後，為了避免出現疏漏，並且迅速地進行錄影，錄影流程的事前準備

也是很重要的。畢竟拍攝現場一旦停擺，就會產生心理壓力。

一般來說，負責錄影的人（攝影師）和導演，分別由不同的人來擔任，錄影當天現場就不會因各種事項的溝通延宕而導致團隊陷入混亂。兩人若能事先分享彼此對於影片內容的想像，那就再好不過了。

錄影的事前準備是最重要的一件事。就像拍電影需要畫分鏡一樣，事前準備的重點在於能夠將狀況想像得多遠。接下來將講解前期製作階段的4點事項，它們和拍攝現場、錄影當天的情況息息相關。

③ 事前彩排

彩排可以幫助錄影當天進展更順利，演員也更能想像談話的狀況

比如說，說明產品的使用功能等複雜的流程，或是需要使用很多小道具的影片，都最好在正式錄影前重複彩排幾次。

正式上場難免會緊張，平常練習都做得很好的事，錄影時卻怎麼都做不好。正式錄影時表現失敗，很容易會產生緊張、焦慮的情緒（即便是專業的演出人員也會緊張！），所以應該多彩排幾次，事前熟悉一下錄影狀況，讓正式錄影能更順利。彩排時也要實際說說看台詞，確認是否能在時間內講完。畢竟很常發生實際說話後才發現比想像中花時間的狀況，這時就必須調整內容，改變說法，或是乾脆刪掉用來修飾的表演方式等。

④ 正式錄影

戶外錄影可能因天氣狀況而調整時程，務必另外準備替代日期

正式錄影當天，重複進行彩排和正式錄影。根據不同的錄影狀況，有時候可能需要移動，所以拍攝當天的時程應該保留一些緩衝時間。畢竟經常發生瑣碎的突發狀況，像是因為塞車而延遲、演出人員身體不適之類的問題。做好時程表之後，如果發現一整天的時間安排非常緊繃，最好果斷地將錄影時間分成兩天。

時間延宕會讓人愈來愈焦慮，說不定反而拖更久，或是拍不出好作品。

HINT!

製作細流表

細流表就是讓拍攝當天的時程更清楚好懂的表單。細流表等於是錄影當天的基本執行內容，所以做成一張表格會比較容易閱讀。

上面不僅會註記時程、拍攝場景，連同交通方式、每個場景的演出人員、小道具之類的事項也都會詳細地記在上面。錄影當天很容易被錄影狀況分散注意力，所以儘量連「正常都應該知道的事」也一併註記上去會比較令人放心。

column / 06

[對入鏡的人事物保持警覺]

戶外錄影的限制意外得多，例如一定要得到拍攝許可之類的問題所在多有，有些建築物也需要得到許可才能入鏡。一般民眾也可能在錄影過程中入鏡，這點要多加注意。

戶外建物也須取得拍攝同意

在戶外錄影，有時候背景會不可避免地拍到建築物。

由於建築物或紀念碑之類的建築是常設的景物，就算入鏡了，在法律上也不會侵害著作權。但是，如果這些建築物被當作主要的錄影場景，發布影片後可能會收到持有人的客訴，所以事前確認好會比較保險。最糟的情況，收到客訴後可能會造成影片必須下架。

以人來人往的地方作為錄影背景，有時一般民眾會入鏡。可是為了展現觀光景點熱鬧的景象，這卻是必要的鏡頭。

這種時候，請儘量徵求民眾同意後再拍攝，如果拍到其他未取得拍攝同意的人，一定要顧慮到對方的隱私或肖像權，另外加工處理，避免路人被認出來。如果是舉辦活動，則需要在參加事項中註明現場會進行錄影；或是在會場視線良好的地方，放上正在錄影的公告，以取得參加者的同意。如果是街頭訪問的主題，則可以請對方現場簽署書面資料。戶外場景還有可能會拍到其他廣告或品牌的Logo，如果只有拍到一點點，不至於引起著作權方面的問題。不過，如果是知名品牌的Logo或非常顯眼的人物，觀眾的目光就會被吸引過去，注意力從影片本來要宣傳的內容上轉移。請儘量降低類似這樣的人事物入鏡的機會。

如果反其道而行，以搭便車的方式拍攝其他品牌或他牌商品，藉此推銷自家產品，那可就不是涉及著作權了，而是有可能觸犯法律問題（※譯註：日本與德國都有不正競爭防制法的相關法規，但台灣目前沒有）。

POINT!

宗教場所的拍攝注意事項

拍攝神社、佛寺或教堂等宗教場所時，必須了解該宗教的規矩。像是不能從神社本殿的正面拍攝之類，這類場所有各種不同的規矩，請事前致電詢問注意事項。這麼做不僅能顧及法律層面的問題，也能考量到所有利益關係人，眾人一起合作才能讓錄影順利進行，有利於影片發布後得到良好評價。

了解攝影器材

如果整支影片都用手機錄製，

就不需要準備多種錄影器材；

但如果希望製作出品質更好的影片，

建議另外準備攝影器材。

若能事前了解這方面的知識，

向專門賣家訂購器材時，

也會比較容易進行溝通。

01 選擇相機，須考量預算和錄影內容

【了解相機的類型，選出最適合的器材】

單眼相機

攝影機

運動攝影機

智慧型手機

無人空拍機

如何挑選相機？ 先想像成品模樣

攝影器材中最重要、絕對不能缺少的器材就是相機了。

錄影最方便的器材就是錄影機，不過單眼相機或無反光鏡相機等攝影專用的數位相機，也都具備錄影功能。運用這些相機的鏡頭特性或散景等功能，可以拍出比錄影機更好看的影片畫面。

但是，相機的缺點在於其外型比較不適合用來錄影；而且當我們需要拍攝移動的景物時，相機也很難對焦。

小型的運動攝影機、無人空拍機等特殊相機，

不打算外包攝影師的話，就必須自行購買相機。不過應該選擇什麼樣的相機才合適呢？首先要從相機的種類和性質開始著手。雖然相機隨著時代的進步，各類功能愈做愈好，但基本元素是不變的。

1 數位單眼相機
適合想要拍出漂亮影片的人

無反光鏡單眼相機可以更換鏡頭，能拍出多變化的畫面，是一種具備錄影功能的單眼相機。大部分單眼相機的影像感應器都比錄影機大，所以可以拍出很淺的景深（散景效果），而且夜間場景的拍攝能力也很出色。

單眼相機基本上都是自動對焦，所以較難重新對焦，重新對焦的速度也相對偏慢。無反光鏡相機的自動對焦功能比單眼相機來得流暢。現在無反光鏡相機相當受到矚目，有許多影片創作者選擇用它來拍攝影片，各家廠牌都有開發不同特色的無反光鏡相機。

HINT!

數位單眼相機的內建麥克風

如果用無反光鏡相機錄製影片，麥克風功能也會提升；但被設計為攝影專用的單眼相機，麥克風功能比錄影機的差。有很多機型都有單聲道麥克風，而且大部分機型都有音訊輸入埠，可以外接麥可風，以補足單眼相機的缺點。

HINT!

單眼相機的鏡頭

一般的相機鏡頭，功能是設計成拍攝照片，在調整變焦鏡頭時相機會發出操作音。因此當我們使用相機錄影時，內建麥克風、外接麥可風可能會把鏡頭發出來的聲音收錄進去。不過，搭載超音波馬達的相機，即具備錄影專用的鏡頭，可以降低噪音。許多廠商都有推出搭載超音波馬達鏡頭的產品，如奧林巴斯（OLYMPUS）的SWD、索尼（Sony）的USM、佳能（Canon）的SSM、尼康（Nikon）的SWM等型號。

另外，轉動對焦環時，有些鏡頭的視角會產生些微的變化。這個現象稱為「呼吸效應」（lens breathing）。呼吸效應幾乎不會對攝影造成影響，但在錄影過程中進行焦點轉移（rack focus）時，會出現視角改變的問題，所以務必事先確認相機是否有「鏡頭呼吸」的狀況。

則可以從平常眼睛無法看到的視角錄影，這種攝影機可用來錄製各式各樣的影片。

還有大家人手一支的手機內建相機，也可以用來錄製宣傳影片。

YouTube平台上那些點閱數達幾十萬、幾百萬的影片，很多都是用手機錄製的。

雖然相機有許多功能限制，推近和拉遠功能存在一定的極限，而且調整的能力也沒辦法達到錄影機的程度，但只要運用得宜，還是能拍出效果很好的影片。

採購錄影機之前，先試著用手機錄影、製作影片並反覆摸索，對我們很有幫助。

01 選擇相機，須考量預算和錄影內容

2 錄影機使用起來最順手

錄影機在外觀設計（形狀）、變焦操作、自動對焦速度、電池使用時間等方面，皆針對錄影的使用需求而設計，可以專門用來拍攝影片。尤其是錄影機的外觀被設計成方便手持錄影的形狀，所以能大幅降低長時間拍攝的疲勞感。

一般錄影只要使用家庭用的錄影機就很夠用了。雖然4K目前並非必要條件，但基於未來的影片會愈來愈追求高畫質，選用4K/60p的機型會更好。

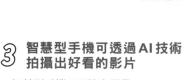

使用錄影機錄影最順手，長時間拍攝外景就會想到它！

POINT!

拍攝室內或遼闊的景色

一般來說，錄影機不能換鏡頭，如果想從標準鏡頭拍不到的視角拍攝，就要用廣角鏡頭（wide conversion lens）縮短焦距（P.123），或反過來用遠攝鏡頭（telephoto lens）拉長焦距，拍遠一點。

HINT!

錄影機的內建麥克風

錄影機一定會有雙聲道立體音訊，有些機型還有5.1聲道的錄音功能。切換麥克風的指向性（P.104）單收人聲，搭配運用影像的變焦功能與麥克風指向性，可拍攝出符合畫面視角且具有臨場感的影像。

3 智慧型手機可透過AI技術拍攝出好看的影片

智慧型手機可以隨身攜帶，不需要提前準備就能馬上開始拍攝。但手機的缺點在於影像感應器很小、變焦功能不佳，且難以調整快門速度等細節，儲存影片時更會被大幅壓縮。如果想透過行銷影片來傳達意圖，手機是比不過錄影機或數位單眼（無反光鏡）相機。

POINT!

利用手機製造拍攝效果

如果能善加利用智慧型手機的畫質，就能做出特別的影像效果。比方說，第一人稱視角的畫面很適合用手機拍攝，只要善加運用就能做得很有臨場感。此外，像是抖音等需要直向錄影的社群媒體影片，也很適合用手機錄製。

POINT!

手機前置鏡頭

勘景時，非常適合用手機的前置鏡頭錄影看看。拍攝抖音之類的直向影片時，可以直接手持採直立式拍攝，拍完後進行剪輯或上傳時也都很方便。

4 運動攝影機 拍出臨場感十足的畫面

GoPro是最具代表性的運動攝影機，它是小到可以用手蓋住的小型相機。許多機型的機體本身都可以防水及防塵，有些還會附上防水殼，或是也可以另外購買，防水殼適合用於運動、釣魚或衝浪等有水的錄影環境。市面上也有販售許多用來固定在自行車或手臂上的攝影機支架，非常適合從一般相機拍不到的角度錄影。運動攝影機的廣角是它的一大優勢，可用來錄拍照或自拍。

POINT!

選擇相同廠牌、相同機型，更方便使用

如果需要準備很多台相機，儘量使用同一家廠牌的相機，最好全部採用同一種機型、同樣的鏡頭，這樣後製會比較輕鬆。因為不同廠牌的色調都不太一樣，如果用不同廠牌的產品，就需要在色彩校正方面花更多功夫。

運動攝影機或無人空拍機可以拍出很有氣勢的畫面，使用需求愈來愈高了。

5 需求度逐年提高的 無人空拍機

如果想要從空中拍下遼闊的自然景致，或是畫面構圖是攝影師無法進入的距離，無人空拍機就是非常方便的工具。無人空拍機裝有內建相機，機體可以單獨進行錄影。另外還有搭載數位單眼相機的機型，可以拍出很好看的畫面（不過會花掉很多經費）。

無人空拍機一般都是用遙控器來操控，有的機型也可以用手機來操控。無人空拍機並不好操控，如果用不習慣不但拍不出心目中的構圖，甚至可能撞到障礙物、被風吹打，最後沒辦法再操控。所以事前練習操控無人空拍機必不可少。另外也要留意所在國家或地區的法規，以台灣為例，根據民用航空法規定，重量250公克以上的遙控無人機均應辦理註冊，並將註冊號碼標明於機體的明顯位置（※譯註：日本依據航空法規定，無人機的機體重量達200克即應註冊）。有些地方需要事先得到拍攝許可，或是對拍攝的時間、操控方式有所規定，務必事前確認好。

如果影片只需要拍攝空拍畫面，可以委託專門拍攝空拍影像的公司協助。

許多影片運用迷你空拍機拍攝一鏡到底的長鏡頭，為觀眾帶來非常刺激的體驗。

02 不使用內建錄音，該如何選擇收音麥克風？

【麥克風分不同種類】

什麼是「指向性」？

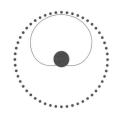

心型指向
（收音範圍在前方）

　　收錄麥克風正面的音。這種類型的麥克風大多在錄音室使用，或是用來收錄樂器的聲音。心型指向麥克風的特徵在於可以減少聲音回授現象，或是降低多人錄音時的雜音。因為範圍看起來像倒過來的心型，以心臟線的英文「Cardioid」來表示。

全指向
（收音範圍為周圍整體）

　　收錄麥克風周圍的所有聲音。多人表演時，如果沒辦法準備太多支麥克風，此時全指向麥克風就很方便。可以降低噴氣音，就算很靠近麥克風也不會錄到唇齒音，因此常作為採訪用麥克風。

超心型指向、槍型指向
（收音範圍很窄）

　　超心型指向收錄前方的狹小範圍，而槍型指向的收音範圍又更小。這兩種指向的麥克風設計成不會收錄到多餘的聲音。超心型指向麥克風的收音範圍比心型指向還窄，又稱「Supercardioid」、「Hypercardioid」。

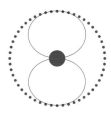

雙指向
（收音範圍在前後方）

　　從麥克風的正面和背面兩邊收音的類型。適合用於面對面錄音的樂器，或是對談、廣播節目等兩人面對面談話的場合。

必備道具 —— 筆記型電腦

　　為了提高影片品質，可以考慮不要使用內建麥克風，另外購買或租借外接麥克風來收錄聲音。購買外接麥克風時，最應掌握的挑選標準就是了解麥克風的種類有哪些。雖然坊間的麥克風都具有錄音功能，但卻有各種不同類型，請好好了解它們的差別。

挑選麥克風前，先了解指向性

　　指向性是麥克風的其中一種規格項目，代表其收音的方向；視使用需求不同，適合的麥克風也不同。如果還無法決定要買哪一種麥克風，不妨先以租借的方式試用看看也不失為一種方法。如果專案的預算額度達到可以外包的程度，預留外包聲音專業人士的預算會比較令人放心。

行銷影片常使用的麥克風有三種。這裡介紹的分別是環境立體聲麥克風、槍型指向麥克風、領夾式麥克風。讓我們了解每一種麥克風的特性，配合場景並準備合適的麥克風吧。

選擇麥克風須考量用途

環境音麥克風
適合收錄周圍的聲音

雖然用麥克風或手機的內建麥克風就能錄影了，但使用適合錄影現場的麥克風，就能錄下更清楚、更好懂的聲音。比方說，環境立體聲麥克風適合用於同時收錄鳥兒聲等周圍聲音的場合。通常會使用全指向或心型指向麥克風。

槍型指向麥克風
精準地收錄聲音

指向性的錄音範圍很窄，可以集中收錄單一方向的聲音。想要收錄演出人員的聲音等特定事物時，很適合使用槍型指向麥克風。有兩種用法，一種是先安裝冷靴座，再將麥克風裝在相機上；另一種則是採用下方介紹的吊桿式麥克風，可以跟著拍攝對象進行定位錄音。

領夾式麥克風（pin mic）
收錄演出人員的聲音

可掛在演出人員胸前的小型麥克風，集中收錄演出者的聲音。需要夾在衣服上，可能會收到衣服摩擦的聲音，這點必須多加留意。一般大多使用無線型麥克風。不同的無線麥克風有不同的訊號模式，大致分成類比麥克風和數位麥克風。數位麥克風較容易避免訊號干擾，是現在無線麥克風的主流。

HINT!

使用吊桿式麥克風

如果需要更近距離地收音，或是周圍噪音太大聲，而且演員無法配戴領夾式麥克風，這時就可以使用吊桿式麥克風錄音，最大限度地靠近畫面收音。

吊桿式麥克風需要由一個人負責，錄音時不僅要想像拍攝畫面，還得和攝影師互相配合，操作起來相當困難。所以應儘量將麥克風安裝在相機、三腳架或麥克風架上。

接下來第8章的05節（P.128）將針對麥克風的錄音方式進行詳細說明！

03 錄影實用器材 ——打光燈與三腳架

【想想有哪些好用的器材？】

錄影工作室的陳設範例。相機前方擺著一台大型的環形補光燈，在演出人員的臉上打光以吸引觀眾目光（映在眼睛上的光），拍下活潑生動的表情。朝天花板左右兩邊打光的燈不要直接對著人，使光線透過天花板的反射，形成柔和的光。

三腳架

排除非得手持拍攝的情況，請儘量利用三腳架固定相機

電影的影像為了營造臨場感，有時反而會採用手持鏡頭，但不自然的晃動也有可能影響到觀眾觀看影片的集中力。使用大台的相機或鏡頭時，就必須用三腳架固定。三腳架的挑選方式可依據輕便性、與相機的平衡性來決定。三腳架也有分適合用來錄影，以及不適合錄影（拍照專用）的類型；拍照專用的三角架在設計上的優先考量，是穩穩地將相機固定在單一角度。可用來錄影的三腳架上有油壓雲台，相機變換角度時會更加牢固。所以拍攝水平運鏡（錄影時左右擺動相機）、垂直運鏡（錄影時上下擺動相機）時操作起來很順暢。

適用於任何場地輕便的單腳架

如果拍攝場景較狹窄，可用單腳架代替三腳架。最近市面上也有販售許多可以自己站立的單腳架。雖然單腳架的穩定性不及三腳架，但在多次移動的拍攝處理能力很不錯，非常好用。

錄影器材除了相機之外，還有其他各式各樣的器材。對影片的想像不同，需要的器材也會隨之改變。思考需要使用到哪些器材時，可以先畫出場景的草稿，想像一下拍攝場地的樣子，再決定必須使用哪些器材。

打光相關

排列組成的 LED 補光燈

用來補足現場環境光的輔助光源。發熱量小，能量轉換效率高，因此許多錄影現場都會使用 LED 燈打光。補光燈的尺寸有大有小，有大台的筆記型電腦尺寸，也有小到跟手機差不多的尺寸。每種 LED 燈都有許多顏色（色溫）的燈光效果，可以根據拍攝情況準備需要的顏色。此外，也可以安裝整面的濾色片以改變燈光顏色，這樣就能以任何形式使用一台燈（也有不用濾色片就能變色的燈款）。另外也有電池款的打光燈，在沒有電的地方很實用。

反光板可反射光線，調整光的行進方向

反光板本身並不會發光，而是可以反射 LED 燈光或自然光等光線，控制光的行進方向。大部分的反光板都是銀色或白色的，也有一面銀色、一面白色的款式，可以摺疊的小型反光板相當方便。

確認畫面

確認現場錄影畫面的螢幕監視器

用來確認現場錄影畫面的螢幕。雖然也可以透過相機本身的螢幕確認，但大台的螢幕監視器在確認是否對焦等細節方面，或是需要確認多人畫面時，用起來更方便。在供電的錄影環境下，可透過 HDMI 轉接並連接筆電專用外接螢幕或液晶電視。有些相機可透過 Wi-Fi 等連線方式，將錄好的檔案傳到筆電裡，使用這種相機的人可用筆電代替螢幕監視器。

三軸穩定器

手持攝影時可以防震

拿著三軸穩定器邊移動邊錄影，可以減少錄影畫面的晃動。雖然有些相機本身就具有防手震功能，但三軸穩定器可運用馬達，使相機維持在同一個水平上。手機專用穩定器主要用於拍照，另外也有可安裝在單眼相機的機型。有的機型還能透過 Wi-Fi 或 Bluetooth 連接，遠端遙控相機的水平與垂直運鏡，或是進行縮時攝影。

04 影片剪輯的電腦挑選指南

【影片編輯的器材與軟體】

剪輯專用電腦

個人電腦

電腦使用 Windows 或 Mac 都沒問題。編輯影片需要追求好的處理能力與記憶體，建議選擇處理器 Core i5 以上、記憶體 8 GB 以上的機型較合適。選擇沒有內建在 CPU 裡面的 GPU 圖形處理器，等待圖像產生的速度會更快。儲存裝置方面，SSD 固態影碟比 HDD 傳統硬碟更舒適。如果要處理 4K 影片，選用 Core i7 以上的 CPU、16 GB 以上的記憶體會比較好。

簡單的影片編輯，也可以用手機的 APP 完成喔。

透過電腦軟體精緻編輯

Adobe 的 Premiere Pro，是適用於 Windows 與 Mac 的標準編輯軟體，因此剪輯時需要用到電腦或智慧型手機。

不過，正規的影片編輯很難用手機或平板電腦操作，所以建議各位必須準備電腦。

暫定編輯的階段只需要將影片素材組合起來，大致觀看整體的畫面就好，所以這個階段不妨使用手機編輯即可。剪輯可分成兩階段，我們可以利用搭車移動的空檔用手機簡單編輯，之後再用電腦正式編輯。

另外，高畫質影片的檔案很大，必須運用處理速度快的電腦；而像讀取 SD 卡等需要傳輸影片數據等作業時，選擇傳輸速度快的產品也比較不會有壓力。

錄影完成之後，接下來要進入編輯階段。雖然也可以透過手機的APP來剪輯影片，但若想進行更精細的剪輯就必須使用電腦。電腦決定成品的品質，是不可或缺的工具。選購時，請多加考慮電腦的規格。

剪輯軟體

Premiere Pro

Adobe Creative Cloud 訂閱制付費服務中的影片剪輯軟體，是全球最多專業影片創作者使用的軟體。Photoshop 或 After Effects 等軟體都包含在 Adobe Creative Cloud 服務裡，這也是它的優勢之一。單獨購買 Premiere Pro，每月付費672元（2021年6月）。完整應用程式的方案包含圖像或音訊軟體，每月付費1,680元（另外也有學生與教師版）。

Premiere Rush

簡易版 Premiere，除了在電腦上使用外，還可以在手機上使用。可用於 Windows、Mac、Android、iOS 等常用作業系統。最大的特色是可以處理存在雲端中的檔案。舉例來說，搭車移動時使用手機編輯的影片，可以接續用家裡的電腦繼續剪輯。用 Rush 製作的影片檔也可以用 Premiere Pro 開啟，兩者互相通用。

DaVinci

本來是用於電影或電視廣告現場的色彩後製軟體，後來加入具有影片剪輯功能、動態圖像與視覺效果專用軟體「Fusion」，以及音訊處理軟體「Fairlight」，進而整合成一套完整影像製作流程的複合式軟體。DaVinci 有免費版，可使用多種功能。付費版目前沒有繁體中文版，簡中版定價為2,350元人民幣；美版定價為295元美金。

EDIUS Pro

電視台等廣播業界使用的剪輯軟體。和其他軟體相比處理能力較簡便，特色是以規格較低的電腦使用時很舒適。只能對應 Windows 作業系統，Mac 的用戶無法使用這款軟體。一般版價格為499元美金（不含稅），學生版價格為199元美金（不含稅）。

Final Cut Pro

蘋果公司開發的非線性影片剪輯軟體。這套軟體在細節的操作上很靈敏，例如連接鏡頭畫面時，時間軸上有磁性吸附功能。標題或文字特效也有很多種模板（格式），剪輯體驗不再無聊。

iMovie

與 Mac 一起綁售的剪輯軟體。功能是 Final Cut Pro 的限制版，對新手來說很好操作。有 iOS 版本，可以用 iPhone 或 iPad 進行剪輯。使用 iOS 裝置剪輯的檔案還可透過 AirDrop 等方式傳輸，並且用 Mac 版 iMovie 開啟。

其他

讀卡機

錄影機與單眼相機等器材，通常都是用 SD 記憶卡或 CF 記憶卡紀錄檔案。電腦需要用讀卡機才能讀取檔案。即使使用價格較高、品質較好的 SD 記憶卡或 CF 記憶卡，如果讀卡機的功能太差，還是需要花很多時間讀取。有些筆記型電腦有內建 SD 記憶卡的讀卡機，這時就不需要用到外接式讀卡機。

影像編輯專用鍵盤

剪輯影片的過程中，會使用滑鼠或觸控螢幕進行裁切毛片（影像素材）、移動畫面等各式各樣的操作。每次操作都要用游標切換工作內容，所以運用鍵盤快捷鍵才能更有效率地剪輯影片。但快捷鍵的數量實在很多，記起來很辛苦，為解決這個問題，除了使用電腦鍵盤外，準備一台專門輸入快捷鍵的裝置（影像剪輯專用鍵盤），可以提升作業效率。

［幫助攝影更順利的APP］

這裡將為你介紹方便好用的手機 APP 與 Web 服務。戶外場地特別容易受到氣候影響，因此我們需要在錄影前一天進行事前確認，或是留意當天的天氣狀況，及早掌握相關資訊。

The Photographer's Ephemeris

　　這是一款可以模擬日出、日落時間的 APP。

　　在地圖上鎖定相機與拍攝對象的位置，APP 就能推算出日出與日落時間、太陽或月亮的方位。拍攝風景等戶外場景時，APP 可以事前掌握可拍攝的時間和光線角度，減少戶外拍攝的次數。

Hyperlapse from Instagram

　　可高速播放長時間錄影的縮時攝影 APP。

　　iOS 或 Android 手機裡也有內建的縮時攝影 APP，但 Hyperlapse 具有防手震功能，可以輕輕鬆鬆拍出好看的縮時影片。

POINT!

活用內建 APP

　　唸劇本內容時需要確認秒數，這時可運用碼錶或錄音 APP 紀錄，實際唸出來並測量時間。拍攝日當天若需要移動到其他地方，可運用地圖 APP 確認塞車狀況。手機裡本來就已經載好的內建 APP，也可以多加利用喔。

攝影的基礎知識

正式錄影之前，

了解攝影基礎知識

是事前準備中必不可少的項目。

幫助我們預想到

現場可能發生的狀況並加以避免，

還能在企畫製作階段

評估出錄影當天的支出等經費。

若專案負責人具備這些知識，

也能讓人放心推展拍攝作業。

01 錄影前不可不知，相機的基本設定

【對成品的想像，決定相機的設定】

相機的基本設定

錄影的事前準備

一旦相機的設定不合適，不論在多漂亮的地方取景，不論演出人員花了多少心力練習發聲，都無法製作出好看又有說服力的影片。

現在錄影機或單眼相機的自動調節功能都相當不錯，自動模式可用的範圍很廣泛，但如果完全依仰賴這項功能，可能會留下許多可惜的地方。比如說，錄下來的影像整體畫面偏黃；聲音太小聽不到，或是聲音很混濁而聽不清楚；發生儲存的檔案格式和剪輯軟體不相容等狀況，因此做出失敗的影片。

除此之外，要調整成合適的相機設定，事先熟悉相機功能是很重要的前提。我們應該了解相機可以設定哪些功能；即使是相同設定的相機，也會取決於相機或鏡頭的不同，進而影響色調之類的拍攝效果。所以平常要多多接觸相機，了解相機的特性。

接下來解說的內容，是單眼相機與錄影機的基本設定。通常智慧型手機的功能較簡略，採用自動化設定，不需要額外設定。比起拍好影片後再進行加工處理，事先設定好相機，更能拍出接近理想中的畫面。

檔案格式

先選擇影片檔格式
要用MP4、MOV或其他格式

選出可對應自己的剪輯軟體的檔案格式（右表）。單眼相機、無反光鏡相機與錄影機大多都能對應這幾種格式，有的只能對應其中一種格式的機型，有的則可以對應多種格式。不同的檔案儲存格式，可以存取的解析度或錄影模式也可能會不一樣，所以請確認相機的使用手冊。雖然現在依然有人使用AVCHD，但這是比較舊型的規格，建議選擇MP4或MOV會比較保險。

檔案格式	特色
AVCHD	通用於藍光光碟與DVD的規格。
XAVC S	索尼（Sony）獨有的規格。用於家庭用錄影機或單眼相機。容器格式為MP4。
MP4	通用性廣泛的檔案格式，可透過多種裝置、軟體來播放與編輯。
MOV	蘋果公司開發的容器格式。包含有H.264、ProRes或GoPro Cineform等多種編解碼器。

尺寸格式

儲存裝置（SD／SSD）
影片數據畫質的設定

可以拍出高畫質的影像當然最好，但如果與時間長度相同的影片相比，高畫質的影片有以下幾項缺點。
●檔案變大
●儲存空間相同的情況下，可以錄製的時間縮短
●進行拍攝時，對相機處理能力需求提高
●電池壽命變差
●剪輯時，複製到電腦的時間較長
●剪輯時，對電腦處理能力需求提高

由於有這些缺點，所以選擇影像大小時請設想得實際一點。位元速率（單位為Mbps）的數字愈高，畫質愈高。

雖然YouTube的位元速率低於DVD，但因為編解碼器進步了，畫質反而比DVD還要好。不同的相機可以設定的位元速率也不一樣，如果打算在網路上發布影片，只要選擇Full HD、16Mbps以上的格式就不會有問題。

索尼錄影機的錄影模式選取畫面。

POINT!

一般影像的位元速率

AVCHD最高畫質	28Mbps
地面數位電視	13Mbps
DVD	8Mbps
YouTube的Full HD影像	最大6Mbps

01 錄影前不可不知，相機的基本設定

白平衡

可將色彩調整至更接近的實際顏色
基本設定自動的「AWB」便足用

　　光線打在攝影對象上，使相機中的畫面色彩產生變化。以室內環境為例，白熾燈房間中拍攝出來的整體顏色，會比日光燈房間中拍攝的顏色還來的黃。在戶外的正中午或傍晚時間拍攝，攝影對象的顏色也會出現變化；像這樣受到光照影響而變色的現象，稱為「色偏」。

　　雖然這種色偏現象也可以用來營造影像的氛圍，但如果拍出來的顏色和實物不一樣，就會被視為錯誤資訊；如果拍攝對象是食物，看起來就不好吃了。

　　「白平衡」負責校正色偏問題，將顏色調整成正確色彩。大部分的相機都會自動調整白平衡，將白平衡設定為「Auto」。一般來說，相機的設定畫面會以AWB來表示自動白平衡。正常情況下，這個設定是沒有問題的。

　　除了自動白平衡外，還有另一種簡單的設定方法，就是運用一鍵式白平衡顯示白色物體。

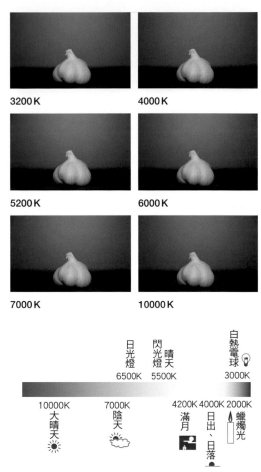

3200 K　　　4000 K

5200 K　　　6000 K

7000 K　　　10000 K

常見的光源與色溫。色溫（K數值）愈高，顏色愈藍；色溫愈低，顏色愈紅。

若想更加貼近物品的實際顏色
就要了解色溫，手動設定

　　用自動白平衡或一鍵式白平衡時，如果畫面和實際商品的顏色不同，就需要自己調整白平衡。

　　不同的相機具有不同的預設調整選單，像是「日光模式」、「白熾燈模式」等模式。如果不習慣當下的白平衡，可以從中挑選更接近理想中的顏色。

　　如果想要調整更多細節，可以設定色溫的數值。色溫是數值化的光線色彩，就像溫度一樣。色溫的單位是K（克耳文），有些機型可以手動設定K數值。一般來說，我們對溫度的印象是溫度愈高，顏色愈紅，愈低則愈藍；但必須注意色溫卻是正好相反。調整白平衡時，請在錄影前拿著一張白紙（也可以拿台詞本的背面）站在相機前面，尋找能夠呈現出白色紙張的色溫。

白色的台詞本背面也可以拿來使用。

快門速度

設定接收光源的時間長度
錄製影片時有一定的極限

　　錄下一張又一張的錄影框時，需要設定光偵檢器接收光照的時間。時間以數字來表示，標記成1/100秒、1/50秒等分數的形式。分母的數字愈大，接收光的時間就愈短（快門速度愈快）。快門速度愈慢（接收光的時間愈長），愈能拍出明亮的影像，但如果相機或攝影對象移動了，很容易拍出晃動的畫面。三腳架可以固定相機，所以此時可選用比手持攝影更慢的快門速度，也就是有利於夜景的拍攝。

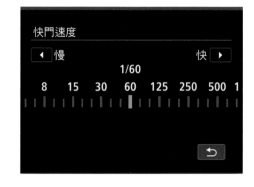

POINT!

如何拍出流暢的影片？

　　以拍攝30fps的影片為例，基本上錄影時快門速度的設定不能低於1/30。拍攝圖像（靜畫）時，除了需要特別表現手震效果的情況外，基本上都需要對準焦點；但錄影時，如果每一張錄影框的畫面都拍得太清楚，影片看起來會很生硬且不自然。例如拍攝電車這類直線型的攝影對象時，適度晃動的影片看起來反而會更自然。

拍攝移動中的物體時，適度的晃動能讓影片看起來更自然。

減少閃爍功能

螢幕出現水波紋現象。

畫面出現詭異的波紋？
是因為光源閃爍無法配合快門速度

　　在日光燈室內進行錄影時，或是有液晶顯示器、LED燈入鏡時，螢幕上可能會出現燈光閃爍、水波紋圖樣，這個現象稱為閃爍現象。日光燈或LED燈會以眼睛看不出來的速度，快速地閃爍。在燈光閃爍和快門速度的影響下，就會發生閃爍現象。如果相機具備減少閃爍的功能，打開此功能就能防止閃爍。另外，快門速度要配合日光燈，並且提高LED燈的亮度。隨著LED燈變亮，閃爍現象就會減緩。

POINT!

手動防閃爍

　　日光燈會因為電的頻率而閃爍，只要配合調整快門速度，就能解決閃爍的問題（※譯註：台灣的日光燈頻率是60Hz，只要將快門速度調到1/60秒以下即可）。如果照明設備為LED燈時，則需要到相機設定中確認更新頻率。

01 錄影前不可不知，相機的基本設定

ISO 感光度

基本選用「Auto」就可以，網頁影片為200～400，夜景畫面則需要調整

　　鏡頭接收光照，將光線轉換成電子訊號並設定感光度。儘量用低 ISO 錄影，影像會比較漂亮流暢。像是拍攝星空等場景時，就需要設定成感光度高的 ISO。

　　不同的相機能拍攝多高的 ISO 都是已經固定好的。針對網頁的影片只要以200～400拍攝就足夠了，把數值調得更低也不會有太大的差別。大部分的相機都有自動調整 ISO 感光度的「自動」（Auto）功能，拍攝場景很明亮時，選擇「Auto」就不會有問題。在昏暗的場地中選用 Auto 設定來錄影，有時我們並不希望數值設到最高。尤其是在拍攝夜景等場景時，ISO 感光度過高會造成畫面的粗糙感愈明顯，拍起來不好看。這時候就需要設定 ISO 的上限數值，只要 ISO 數值低於上限設定，就能降低影像的粗糙感。

數值低　　　　　　　　　　　　　　數值高
暗　　　　　　　　　　　　　　　　　亮

ISO 以數值表示，100、200、400、800⋯⋯以倍增的方式表示。

POINT!

確認相機的感光度

　　夜景的實用感光度設定範圍，是從顆粒感較明顯的800開始到3200左右。近期的單眼相機或無反光鏡相機就算用很高的 ISO 也能拍出好看的影片，所以請先在昏暗的地方錄影，掌握一下感光度的使用範圍。

亮度（曝光）

調整整體的明亮度，自動進行適度的加工處理

　　影像的亮度由鏡頭的光圈大小、快門速度及 ISO 感光度來決定。調整這些數值除了能表現各種不同亮度以外，還會出現其他變化（景深或粗糙感），所以必須依照自己想表現的景象，個別調整這些設定。

　　可是在還沒習慣之前，要一次將3種設定調整到適當的數值是很困難的，會耗費不少時間。這些設定本身都具備「自動（Auto）」功能，可以交給相機自己設定，而負責統整並輔助的功能，就是曝光（亮度設定）。相機裡的電腦將數值調整到合適的狀態。攝影師可透過觀景窗或液晶顯示器確認自動調整後的結果，並且進一步調暗或調亮。將相機自動調整的結果視為0，負值就是調暗，正值則可以拍得更亮。

左邊曝光為0，右邊曝光為-0.6。
請選擇可以拍出好看的影像氛圍或肌膚質感的曝光設定。

POINT!

曝光設定也有自動功能

　　設定時也可以只固定三種項目中的一種或兩種數值，其他項目則採用自動功能。設定方式可根據自己想拍的效果調整，例如運用散景、防手震等需求。

拍攝模式

了解四大基本模式，進行設定

　　習慣攝影之後，只要使用下方的基本拍攝模式，畫面的表現幅度就會更廣。除了這幾種模式以外，有的相機能夠配合拍攝對象或攝影情況，搭載自動調整的智慧式自動模式。

　　還可以根據不同的拍攝場景，設定不同的模式，其中包含夜景、人像、美食、近拍（微距）等模式。在尚未熟悉設定前，要調整錄影的亮度較困難，經常會失敗。還不熟悉的人可以運用程式自動曝光，也可以運用配合場景的智慧式自動模式，根據不同情況進行曝光補償。

程式 自動曝光	P	相機會分析感應器或圖像的內容，以全自動模式決定曝光程度。
光圈先決	A 或 AV	此模式為優先處理景深（散景），先訂好光圈，快門速度或 ISO 感光度就會自動決定。
快門優先	S 或 Tv	為表現景物的動作或靜止狀態，先訂好快門速度，光圈或 ISO 感光度就會自動決定。
手動	M	光圈大小、快門速度、ISO 感光度，全部都需要手動設定。

手震修正

高變焦倍率的好幫手
不同類型多元，購買相機多方比較

　　防手震功能有分光學型和電子型，也有結合兩者功能的機型。

　　光學防手震分成機身防手震功能，以及鏡頭防手震功能。

　　搭載機身防手震功能的單眼相機愈來愈多，而這種相機的特色在於無防手震鏡頭也可以防手震。

　　另一方面，電子防手震則會裁下一部分的影像，並且用軟體進行手震修正，所以視野較窄。

運動攝影機的手震幅度很大，畫面被大幅切割而造成畫質很差。

POINT!

影像效果的使用方法

　　有些相機具備單色效果、柔焦效果、玩具相機效果、模型效果等。雖然也可以等到錄完影後，再用後製剪輯加入效果，但這些效果也能帶來諸多用途，例如將影片迅速地發布在社群媒體等。

POINT!

活用三腳架

　　使用三腳架錄影時，相機轉動或拍攝對象移動了，畫面就會因為移動或錯位而無法呈現流暢的動作。所以使用三腳架時，需要關閉防手震功能。

01 錄影前不可不知，相機的基本設定

對焦

調整至能夠對準「焦點」的位置（距離）

　　如果焦點沒有確實對準拍攝對象，影像不僅會看不清楚，也沒辦法傳達拍攝的主題、想表達的意圖。

　　對焦功能分成手動的「手動對焦」，以及自動調整的「自動對焦」。

① 自動對焦

有些相機可依設定追蹤焦點
有些則具備臉部對焦功能

　　一般來說，只要選擇「自動對焦」就沒問題了。不過影片和照片不太一樣，錄影過程中焦點的距離也會變動，如果不熟悉邊錄影、邊手動調整焦點的操作方式，拍攝過程會很辛苦。智慧型手機的錄影自動對焦功能也是預設的。自動對焦也有各式各樣的性能，像是覆蓋範圍、對焦速度、追蹤靈敏度等，它是決定相機或鏡頭性能的重要因素。

　　有的相機具備多種對焦功能，例如運用觸控螢幕調整焦點位置、對焦演出者臉部的人臉辨識對焦功能，還有確實對準演出者眼睛的眼控對焦功能等。

② 手動對焦

希望呈現想像中的畫面
此時適合使用手動對焦

　　使用自動對焦卻無法對準自己想要的焦點，或是想要故意讓焦點位置偏移一點的時候，就可以使用手動對焦功能。

　　相機上的內建液晶螢幕比較小，而且畫素也較低，從螢幕上看起來就算有對到焦點，但從電腦或電視上看實際拍攝的畫面時，卻很常發生焦點偏移的問題。為了讓使用者仔細地確認焦點，大部分的相機都具備放大畫面的功能。手動對焦時，可以在欲對焦的拍攝對象附近放大畫面，確認是否有依照自己的需求對到焦點。

顯示格線

用來決定構圖的
實用輔助線

　　格線可以協助我們決定影片構圖，讓格線顯示在螢幕畫面中，就能創造出平衡又好看的構圖。大部分的相機或智慧型手機都有顯示格線的功能。

　　一般來說，相機格線會將直向和橫向畫面切割成三等分（形成九宮格畫面）。

　　比較安全的構圖方式，是將物體的中心點置於線條之間的交叉點。

ND 減光鏡

一種過濾器材
可減弱進入鏡頭的光線

「在正中午的戶外錄影時，想使用大光圈以模糊背景。可是調慢快門速度，畫面卻因過度曝光而變成全白」、「就算把光圈儘量調小，快門速度還是會變快，畫面看起來好生硬」遇到這類情況時，就應該使用 ND 減光鏡。ND 減光鏡就像相機的太陽眼鏡，可以過濾並衰減（減弱光量）鏡頭前的光線。ND 減光鏡分成 ND 4、ND 8、ND 16 等類型，後面的數字代表濃度。數字愈大，濃度愈高，減光度愈高。如果相機沒有內建 ND 減光鏡，就需要另外買濾鏡加裝在鏡頭前。理想的 ND 減光鏡只會減弱光量，色彩不會受到影響。有些便宜的款式可能會改變色調，購買時需要多加注意。

有些相機有內建 ND 減光鏡

購買 ND 減光鏡時，請選擇和鏡頭尺寸相同的款式。根據減光度（比例）的不同，同系列的產品中也有很多種型號，不同的外觀也有不同的「色彩濃度」。

偏光鏡

消除水面或玻璃的反光
使藍天看起來更藍的濾鏡

拍攝水面或透過玻璃拍攝風景時，由於他們都是會反光的事物，如果直接拍攝就會看到周圍的景物被映在上面，造成我們無法拍下它們的樣子。

當遇到這種狀況時，就要使用偏光鏡（PL 鏡）。偏光鏡可以消除反光，避免靜物出現倒影。不僅如此，它還能消除空氣中水蒸氣的漫反射光，拍出美麗又立體的藍天。

除了 ND 減光鏡、偏光鏡之外，還有其他各式各樣的濾鏡，為影像提供更多樣的效果。還有一些軟體可以在後製（剪輯作業）階段做出相同的效果。

沒有裝偏光鏡，水面拍起來跟肉眼看到的一樣（上）。加裝偏光鏡的影像（下）。水面上的倒影消失了，甚至能看到水中的景物。

偏光鏡和 ND 減光鏡很相似，主要功能為消除反光。

02 掌握基本構圖法，
透過影片傳達詳細資訊

【構圖是補充說明的重要技巧】

觀點的表現方式

**有意識地改變位置
留意構圖以表現變化感**

　排列3顆水果的分鏡。排成一排帶給人一種無機物的印象。增加水果的前後距離，畫面會形成有深度的立體感。如範例照片對焦在畫面前方的水果，會使後面的水果變模糊，就能展現出主體是葡萄柚還是蘋果的構圖意義。

透過構圖，明確欲傳達的內容

　構圖用來決定並安排影片拍攝對象在畫面中的位置、大小與擺放角度。

　好的構圖能力，不僅能夠加深觀眾對畫面的印象，還能將我們最想展現的事物傳達出去，周圍環境反映出的事物可傳遞更詳細的訊息。只要改變構圖，就能大大地改變資訊量或內容的意義。

　透過不同的構圖，我們可以為觀眾呈現自己想要強調的事物、希望被關注的重點、演出人員之間的關係等訊息。因此，構圖即是用來展現影片意圖的必要技巧。如果在畫面中隨意擺放或排列拍攝對象，觀眾根本無法理解影片想表達什麼。

　在物件的位置或大小中增加一些變化，當下的一瞬間正在陳述什麼樣的內容、影片想表達什麼樣的概念，拍攝的主題清清楚楚。就讓我們一起學習構圖的基本知識，想像一下接下來要用什麼樣的構圖拍攝影片吧。

構圖不僅能表現畫面的平衡美感，還是一種傳達資訊的手法。不同的構圖技巧，可以改變畫面的資訊量或意義。為了透過畫面將我們想傳遞給觀眾的訊息表現出來，一起來學習構圖的基本知識吧。

基本構圖

① 中央構圖

最基本的構圖方式。將主體放在畫面中央，雖然可以讓觀眾明確地理解影片想展現的重點，但太常用這種構圖會讓影片變得很無趣。

② 三分法構圖

如果主體置於中央反而讓觀點太強烈，可將主體放在三等分格線的交叉點上。這個手法會隨著不同的鏡頭構圖而有所變化，不容易看膩。拍攝對象周遭的景物也會入鏡，是相當安全的一種構圖方式。而且要在空白處放上字幕特效也很方便。

③ 對角線構圖

在構圖中間放上離相機最遠的物體，對角線上靠近畫面的一端，則放上離相機較近的物體。

多多運用相機內建的格線構思構圖，會更方便喔。

保持水平

影片中應該保持水平的景物
畫面上也應該呈現水平狀態

　　地面、電線或壁紙圖案等水平的景物，在影片中也應該拍出保持水平的樣子，這個構圖要點稱為「水平控制」。沒有控制水平的影片，看起來會讓人感到很不協調。

　　設定好相機功能後，首先要做的就是徹底地調整水平。如果要檢查三腳架的雲台是否保持水平，可用三腳架的水平儀來確認。水平儀可透過漂浮在液體中的氣泡作為標準，確認畫面是否平行。檢查水平時，請從上面開始看，並將氣泡調整至外框的中間位置。

有些相機本身就有內建的電子水平儀功能，不妨使用看看。

02 掌握基本構圖法，透過影片傳達詳細資訊

攝影尺寸

① 全身景

拍攝人物的全身。和遠景一樣同時拍下周遭情況或環境，並進一步說明。

② 膝上景

拍攝範圍包括膝蓋以上到頭部，拍攝多人或建築物時，膝上景的構圖非常方便。

③ 腰景

展現人物表情與周圍環境之間的良好平衡。需要展示演出者的動作時，腰景是很方便的尺寸。

④ 胸景

用於展現人物的表情，以及手掌大小的物品。如果訪談影片中有特別想要強調內容的鏡頭，採用胸景可帶給人更強烈的印象。

POINT!

改變前後分鏡的尺寸，增加變化感

如何剪輯出讓人看不膩的影片？訣竅在於剪接前後分鏡畫面時，在尺寸大小或角度做變化。如此一來，畫面看起來就會銜接得很自然。

拍攝人物時，如何調整相機高度？

相機和拍攝對象之間的位置關係，會使鏡頭畫面產生微妙的差異。尤其在拍攝人物鏡頭時，只是移動一下相機的高度，就能給人截然不同的印象。

① 水平角度

相機與演出者的視線角度持平
打造充滿安全感的構圖

　　相機的高度和演出者的視線高度保持在同一個水平上，營造出立場相同的感覺，是一種可以帶給人安全感的構圖，觀眾會將注意力集中在演出者身上。這個高度位置稱為「水平平角度」或「平視角」。基本上相機的方向維持在水平的狀態。

② 高角度

降低人物印象的拍攝角度
拍攝大範圍景色看起來更客觀

　　高於水平角度的位置，如果從人物頭部上方拍攝，相機會呈現往下斜的角度，影片在觀點或心理層面上帶給人的印象會很薄弱。此外，寬廣的構圖還能客觀呈現周遭的風景或情況。這個相機拍攝角度稱為「高角度」，而相機由上往下拍攝的構圖稱為「俯角」。拍攝小朋友或寵物時，很容易會以平時接觸他們的角度，拍出俯角構圖的畫面；不過如果將相機朝下，擺在和小朋友或寵物相同的視線角度，就可以拍出很有新鮮感的影像。

③ 低角度

以低角度拍攝人物
營造意想不到的威嚴感

　　將相機擺在比較低的位置，由下往上拍攝，演出者看起來會更大，給人充滿威嚴的印象。這個高度稱為「低角度」，相機由下往上拍的構圖角度是「仰角」。影片採仰角構圖拍攝時，不太會出現廣角的感覺，將人物拍大一點效果會更好。如果畫面一直維持在水平角度很容易變無趣，不妨加入仰角鏡頭稍加點綴。

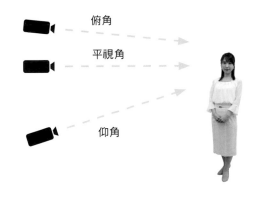

俯角
平視角
仰角

POINT!

對焦於想凸顯的事物

　　對焦是指調整焦點的位置（距離），使用單眼相機的人應該記住「焦距」這個詞。焦距指的是從鏡頭中央到影像感應器的距離。

焦距

焦點：人物的眼睛

背景：模糊

03 學習基本攝影技巧，一起思考攝影策略

相機的操作方式

① FIX（固定攝影）

攝影基本技法，不需移動相機或改變構圖，講究安全的攝影技巧

　　固定攝影不需要移動相機，所以拍攝對象的亮度不會有太大的改變，也比較不會有疏漏，可說是相當安全的一種攝影技巧。錄影時我們經常會想要「多加把勁」，一下考慮移動相機，一下想調整焦距以改變構圖；但如果希望觀眾將注意力集中在好看的拍攝對象或他的動作上，固定攝影才是最有效的方法。尤其是訪談這類有人正在談話的影片類型，固定攝影能讓觀眾的注意力集中在談話的內容上。請儘量用三腳架將相機牢牢地固定住，讓鏡頭維持水平。如果採用手持攝影，則儘量不要晃動相機，多利用防手震功能。

② Pan（水平運鏡）／Tilt（垂直運鏡）

Pan 代表水平移動相機Tilt 則是垂直移動相機

　　在攝影過程中，移動相機方向並改變構圖的手法，稱為 Pan 或 Tilt。水平與垂直搖攝除了可以拓展畫面空間外，還能為鏡頭帶來故事性的效果。比如說，跟著演出者的視線移動，構圖逐漸產生變化，接著慢慢靠近核心主旨，像這樣的運鏡就會產生意義。運用水平運鏡從 A 移動到 B 改變構圖，B 成為該畫面的主題，A 則是周圍的其他資訊。在拍攝水平運鏡的前後加入幾秒的靜止畫面，之後會比較方便剪輯。拍攝水平運鏡時，攝影機專用三腳架可以讓相機的移動速度更流暢，拍出非常好看的水平運鏡。

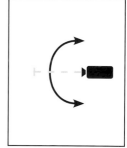

Pan　　　　　　　　　　　Tilt

運用攝影技巧，呈現想像中的畫面

　　在錄影過程中，需要移動相機、調整相機的變焦設定藉此改變構圖，或是停在原地捕捉移動物體的動作，這些操作的過程都屬於「攝影技巧」的範疇內。

　　攝影技巧中一定包含「意圖」和「意義」兩大概念，依循這兩種概念來操作的攝影手法，才能更有效地傳達影片的意圖，正是攝影師展現實力的的地方。

　　團隊一起錄影的時候，就需要在攝影技巧上多次進行事前討論。像是該怎麼移動？該如何剪輯？要事先想好具體的呈現方式，如此一來才能指導演出人員的動作。

攝影技巧，指的是相機在原地移動的方式，或者是移動相機的運鏡。導演下指示時、攝影師互相溝通時也會運用到，所以我們必須了解這些攝影技術的用語分別代表什麼意思。

③ Zoom（變焦）

改變鏡頭的焦距，同時也改變拍攝對象的大小

將焦距調大，慢慢地將拍攝對象拍大一點，稱為「Zoom in」（放大）；將焦距調小，慢慢地將拍攝對象拍小一點，就是「Zoom out」（縮小）。透過Zoom in手法，逐漸將構圖中的拍攝對象縮小成一個，就能凸顯出畫面的主題或意義，同時還能為觀眾帶來緊張感。相反地，Zoom out可以縮小主題，藉由增加拍攝對象來說明周圍的其他資訊；除此之外，還可以用來揭開一開始在構圖中被切掉的部分，緩和觀眾的緊張感。變焦技法還有其他使用技巧，比如一邊Zoom out，一邊拍攝從遠處走到鏡頭前方的演出者，維持演出者在畫面上呈現的大小。

④ Focus In／Focus Out

運用對焦技巧，表現場景介紹或時間跳躍

從主題模糊的失焦狀態，鏡頭慢慢對焦的技法稱作Focus In（聚焦）；與此相反的是從主題清楚的聚焦狀態，慢慢模糊焦點的技法Focus Out（失焦）。

聚焦和失焦的運用，也含有場景的開始與結束、跳過時間的意思。

使用Focus In／Focus Out技巧的場景，基本上都會搭配固定攝影的構圖。

Focus In／Focus Out也可以作為剪輯影片時的一種效果，不一定要在錄影時使用（但如果講究速度，就另當別論了）。

POINT!

Track（移動攝影）
相機跟著移動的景物拍攝

演出者和攝影師一起邊走邊拍，移動過程中可營造出輕鬆的氛圍或距離感。就算採用一樣的構圖，邊跑邊拍的拍攝手法也能改變氣氛，傳達出刻不容緩的急迫感。

04 攝影時的燈光與照明要點

【構圖的基本要件】

打光是很重要的角色

① 補足亮度不足的地方

② 調整顏色與質感

③ 製造立體感與景深感

用環形補光燈打亮
人物的臉部

> 不論在室外或室內，皆以既有的燈光為照明基礎，並依需求增加最低限度的燈光。

打光的原則即是簡單

打光的配置和相機、麥克風不同，無法留到後面再調整，為了拍出好看的影片，它是不可或缺的一項條件。我們不僅要注意打光器材的打光狀況，在室內燈光，或是戶外自然光下錄時，也要留意光線方向或強度並事先調整好相機，光是這麼做畫面氛圍就會產生極大變化。

基本上，打光是以加法的方式來搭配。光源與攝影對象、背景之間的角度如何？燈光打上去是什麼顏色？透過這些不同的搭配，影像就會呈現立體感，商品看起來更有魅力。打光的訣竅在於儘量用最少量的器材，多下功夫調整打光配置。如果開很多盞燈光，有的燈光下的影子因此消失，結果又要再打其他燈光……像這樣的打光方式會讓狀況愈來愈複雜，演變成無法處理的情況。

尤其是在室外錄影，而且陽光過於強烈的情況下，有時候便需要運用ND減光鏡，減弱進入鏡頭的光量。

打光的手法決定影像的好壞，這個說法一點都不誇張，畢竟光可以大大地改變攝影對象帶給人的印象。光尤其會受到室內燈光，或者是家具、家用品的顏色影響，所以事前調整光線比較能令人放心。

打光基本概念

① 主光

演出時的主要光源
大多打在相機的正上方或側邊

戶外錄影時，晴天裡的陽光經常會被當作主光。為了將商品或演出人員拍得美美的，我們需要思考並決定拍攝的位置，有時主光的打光方式還能增加其他效果，例如用來表現時間的經過等。

② 輔助光

減弱主光打出來的影子
要從主光的另一側打光

如果主光從相機的左側打光，那麼輔助光就要從右側打光，以減弱主光形成的影子。也可以用打光板等工具製造輔助光。為了讓打光板保持穩定，建議不要用手拿著，而是用夾子加以固定會比較好。

③ 背光

使拍攝對象的輪廓更清晰
與背景區隔並打造立體感

從拍攝對象的後方打光。從比拍攝對象更高的地方打光，更容易營造出自然的氣氛。亮度需要依照演出或現場狀況而定，基本上主光最亮，背光或輔助光則要調暗一點。

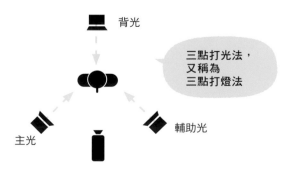

背光

三點打光法，又稱為三點打燈法

主光　　　輔助光

順光與逆光

從相機一側打過來的光為順光
從拍攝對象後方而來的光為逆光

拍攝對象的影子在逆光之下會變暗。尤其是在戶外陽光下，逆光會變得很強烈，有可能發生攝影器材無法因應的情況。遇到這種狀況時，就必須改變畫面的構圖。如果是室內錄影，則要暫時關閉燈光，確認從燈光或窗外的陽光會如何影響拍攝對象的光影。

順光

逆光

HINT!

桌子也可以代替打光板

如果演出者使用的桌子是白色的，從上方打下來的光可以透過桌面，製造出有如打光板的效果。此外，以窗戶為背景的拍攝方式容易出現逆光，為了將拍攝對象拍好看一點，必須另外打光、調整相機的亮度才行。

05 錄製好聽的人聲

將麥克風固定在容易錄到演出者聲音的位置。

想像自己該怎麼錄音
並且分開使用麥克風

把商品、服務或景色等行銷拍攝對象拍得很好看是理所當然的,不過錄下好聽的聲音也是很重要的一件事。

舉例來說,在人來人往的街道上,或是在熱鬧的咖啡廳裡,用相機的內建麥克風錄下人物的聲音;雖然人的聲音在錄影過程中聽得很清楚,但實際觀看影片卻發現人聲被周遭的聲音蓋過去,都聽不清楚聲音了……。你是否有過這樣的經驗呢?原因出在相機內建麥克風的設計,它會連同周遭的聲音一起將全部的聲音錄下來。

由於人的耳朵非常靈敏,所以就算有一點雜音

或出了一點狀況,只要將注意力放在正在說話的人身上,就能聽到一定程度的說話內容。但是,麥克風跟人的耳朵不一樣。不同類型的麥克風具有不同的收音範圍(指向性,詳見 P.104)。為了將鎖定的聲音目標錄下來,必須分開使用麥克風才行。

雖然都叫作「麥克風」,但其實不論形狀、大小或價格,市面上販售的麥克風種類非常多樣。如果不了解相關知識,就會不知道該用哪一種麥克風,無法想像自己想拍出怎麼樣的影像。

本章將介紹多種不同特色的麥克風,並且說明每一種麥克風的差別,以及該如何區分它們的用途。實際錄影時,該如何使用麥克風才能錄下好聽的聲音?接下來將介紹這方面的錄音知識。

如果沒有確實錄下好聽的聲音，即使影片內容再好，依舊會讓人看得很辛苦。這裡將以錄影常用的麥克風為例，為你講解每一種麥克風的差異之處，以及錄音時需要注意的細節。

【相機已經有內建麥克風了，為什麼還需要外接麥克風？】

相機內建麥克風

麥克風必須靠近說話的人才能錄下清楚的人聲。相機內建麥克風的收音範圍雖廣，但也會連帶錄下周遭的雜音，所以不適合用來錄製清晰的人聲。此外，麥克風可能會收到操作相機時發出的雜音。

相機安裝麥克風

安裝在相機上的麥克風，通常分為槍型麥克風與立體聲麥克風兩種類型。如果目的是要錄製人聲，就要使用槍型麥克風，因為它很適合用來錄下特定方向的聲音。在麥克風上加裝避震架（damper）可以防雜音。相機和演出人員的距離太遠，會比較容易錄到雜音。

人物附近的麥克風

將麥克風安裝在人物附近的收音方式。將麥克風放在嘴邊可降低周圍的噪音，由於麥克風經常放在相同的位置，不需要移動相機就能錄下清楚的聲音。這種用途的麥克風種類非常多樣，通常使用無線的領夾式麥克風。

許多相機的上端都有麥克風的孔。

安裝在相機上。

將領夾式麥克風別在嘴巴附近。

05 錄製好聽的人聲

【麥克風主要分為8種】

1 槍型指向麥克風

指向性（P.104）很窄的麥克風，可收錄特定範圍的聲音。很多錄影機或相機專用的麥克風都是這種槍型指向麥克風。電視劇或電影錄影現場的收音人員拿的長型吊桿式麥克風，也是槍型指向麥克風。

2 環境音麥克風

指向性很廣的麥克風，主要負責收錄瀑布或鳥兒的聲音，或者是主要人物以外的周遭人聲等環境音。
除了照片中的款式外，還有球體等各種形狀的麥克風。

3 採訪用麥克風

如同字面意思，這是專門用來進行採訪收音的麥克風。電視節目採訪人員進行街頭訪問等類型的影片中，經常會看到這種麥克風。

4 平面式麥克風

直接放在桌上或地上的麥克風。電視節目類型的現場直播，或是舞台、會議等場合，如果無法準備一人一支麥克風，大多會使用平面式麥克風。這種麥克風比較扁，特色是不容易引人注目。

POINT!

戶外錄影需要的防風器材

在戶外錄影或錄音時，如果颱風下雨（風吹聲），這些雜音會被錄進麥克風裡。為了預防這個問題，需要在麥克風上加裝防風器材。

雖然防風器材可以阻擋雜音，但聲音容易被悶住，所以如果是在室內收音，或是風力非常弱，即使不防風也不會受到影響的話，把防風器材拿掉比較能收錄到清晰的聲音。防風器材主要分成海綿套、有長絨毛的防風毛罩和防風罩等類型。

海綿套　　　　防風罩

防風毛罩

6 人聲麥克風

這款麥克風可將人的聲音音域錄得很清晰好聽。而且在設計上，不容易錄下說話時發出的唇齒音或噴氣音等雜音。

人聲麥克風又可稱為手持麥克風，這種麥克風有各種指向性的機型。

5 領夾式麥克風

又稱 Pin Mic，用來夾在演出者的衣服等物件上的麥克風。想要讓麥克風看起來比較不明顯時會使用這種麥克風。

7 錄音室麥克風

錄製旁白聲音、廣播節目、錄音或樂器收音等。有很多電容式（參見下方表格）機型，而且音質很好。有些錄音室麥克風可切換指向性，並應對各式各樣的情況。錄音室麥克風也稱為地板支架式麥克風。

8 鵝頸式麥克風

可以自由轉動「頸部」的小型電容式麥克風。放在桌上使用就能錄下穩定的聲音。鵝頸式麥克風經常被用於談話性節目或益智節目。

POINT!

麥克風的電源與接頭

　　相機專用的接頭主要分成兩類。家庭用相機使用的是 3.5 mm TRS 端子，工作用相機則主要採用 XLR 卡農接頭。3.5 mm TRS 端子可透過 Plugin power，而 XLR 則透過幻象電源，將電力從相機傳輸到麥克風裡。另外需要留意的是，有些麥克風是電池式的。

3.5mm TRS端子

XLR（卡農接頭）

動圈式麥克風	電容式麥克風
不需要電池 很堅固 價格低	不需要電池 要小心輕放 可錄下美麗的高音

【透過實例，學習採訪收音技巧】

室內

多人座談會等場合
各自配戴領夾式麥克風並分聲道

　　多人錄影的時候，演出人員需要各自配戴領夾式麥克風，將聲音錄在不同的聲道中，剪輯時比較容易配合畫面並調整音量等設定。如果錄影人數是2人，就要分別在相機的L左聲道和R右聲道，以各自的麥克風將他們的聲音錄下來。人數超過3人時，則將聲音錄進2個聲道中，或者也可以另外準備錄音機來錄其他人的聲音。不方便配戴領夾式麥克風時，可在相機上安裝槍型麥克風，或者是利用三腳架或麥克風架延伸，在不入鏡的範圍內靠近演出者的嘴巴收音。

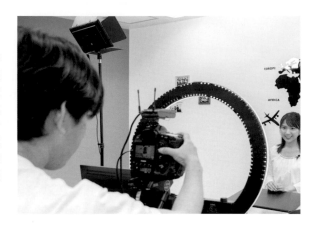

室外

注意背景的風聲
選擇可防風的器材

　　戶外錄影需要考慮到風或外部的雜音，主要收音方式為在相機上加裝槍型麥克風，以及配戴領夾式麥克風。使用槍型麥克風時，需要搭配防風毛罩。接近無風的狀態下，可直接使用領夾式麥克風收音。此外，如果現場有採訪人員，也可以將身兼表演道具的手持麥克風加入選項中。

打造一個方便錄音的環境

　　錄影與錄音時，有各種音量大小的聲音被傳輸進麥克風裡。有時想要將麥克風靠近演出者的嘴巴，錄下音量大的聲音；有時當然也需要錄下波的聲音、自然聲這類音量較小的聲音。不僅目的不同，錄音用的麥克風敏感度各有不同，即使是同樣的聲音，錄下來的音量也會有所差異。雖然我們可以事後利用剪輯軟體，調整影片的音量，但如果錄音設備已錄下超過最大音量臨界點的聲音，一般通稱為「消峰失真」（Clipping）的噪音便會造成聲音扭曲。除此之外，音量太小的聲音會被周遭的雜音蓋住，變得很不明顯。所以錄音時必須進行調整，思考應該用多大的音量（敏感度）來錄音。這個操作就是調整錄音音量，其中又可分為「自動調整音量」和「手動調整音量」兩種設定。

　　一般來說，只要用「自動調整音量」就沒問題了，但如果突然出現非常大的聲音，麥克風會因為無法調整而造成聲音扭曲。實際操作商品時，有些商品會發出比演出人員還大的聲音，需要多加注意這類狀況。

【如何錄下清楚的聲音？ 調整音量很重要】

錄音音量的確認方式

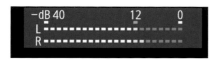

以適當的音量錄音

爆音的狀態

　　一般來說，正確的音量範圍為音量達到最大聲時，儀表板上達到白色與黃色的區塊（最大音量的70%左右）。

　　儀表板上出現紅色標示時，表示到達可錄音的最大音量極限，播放聲音時會出現爆音（Clipping Noise）。

　　另一方面，如果錄音的音量過小（只在儀表板左半邊的範圍），在剪輯階段調整音量時會很容易出現噪音，這點需要多加注意。

音量調整與錄音功能

自動音量調整

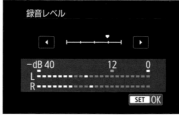

自動設定音量大小，非常適合邊走邊錄影。

手動音量調整

手動調整。

過濾風聲功能

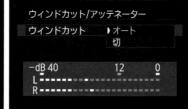

可於錄影時降低風聲。有些機型不具備這項功能。具備低頻噪音衰減等功能的麥克風也有過濾風聲的效果。

POINT!

錄影時，透過全罩式耳機聽取錄音

　　許多數位單眼相機或錄影機都配有耳機端子。如果你使用的相機、麥克風和錄音器材配有耳機端子，攝影師就能在錄影過程中，透過全罩式耳機（或耳塞式耳機）聽取收錄到的聲音，以降低錄影失敗的機率。有時可能會錄到一點雜音，或是飛機、電車等交通工具的聲音；錄影時會出現各種意料之外的聲響，例如演出人員驚呼的聲音太大聲，也可能發生瞬間爆音的情況。影片中的這些聲音是否在可接受的範圍，我們很難只透過相機螢幕上的音量儀表來確認，但只要利用耳機來確認就能加以判斷。如果相機本身沒有附耳機端子，可用前級擴大機連接相機和麥克風，接著再連接耳機。

配戴全罩式耳機

［ 主觀與客觀的構圖運用 ］

在訪談等拍攝情況下，畫面是以誰的視角進行採訪？希望觀眾以什麼樣的視角觀看採訪內容？這些問題都可以透過構圖來調整。

不可以事後裁切構圖

不同的構圖表現方式，可以向觀眾傳達許多訊息，像是影片想強調什麼重點？希望觀眾注意哪些看似不起眼的地方？影片中的演出人員之間的關係是什麼？因此，我們必須巧妙地構思構圖，明確展現出影片的意圖才行。

拍攝採訪畫面時也一樣，從採訪者的角度拍攝，或者是連採訪者一起入鏡，這兩種構圖中，兩人之間的關係會形成微妙的變化。

近來年的數位相機解析度都很高，就算用「裁切」構圖切除一部分的畫面，在大部分的情況下都沒什麼問題。但是，錄影時的解析度基本上必須和最終成品的解析度相同。

照片當然可以放大畫面再拍照，也可以裁切照片；但影片基本上是不能裁切畫面的，錄影時就需要決定好構圖。

採訪者一同入鏡的構圖

從採訪者視角拍攝的構圖

POINT!

視線高度也能表現出影片的觀點

訪談類型的影片中，將相機擺在受訪者視線高度的錄影方式是很自然的構圖。但如果將相機放在稍微高於視線的位置，由下往上仰角拍攝，受訪者就會散發出一種權威感或氣勢。從很高的位置以俯角拍攝，就會給人一種老師對學生說話的感覺。

影片編輯

智慧型手機雖然可以簡易剪輯，

但如果要進行正式的影片剪輯，

就必須用電腦操作。

剪輯時，反覆摸索學習的過程，

和錄影時的緊張感一樣有趣。

09

01 什麼是影片編輯？

【剪輯手法會改變表達形式】

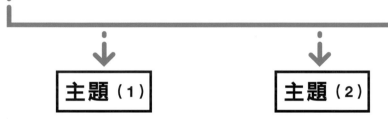

選擇素材

音訊檔案1

錄音的聲音

錄影現場錄下來的聲音與環境音等。

音訊檔案2

輔助影片的聲音

購買配合影片主題的背景音樂或音效。也可委託外包人員。

影像檔案

錄影的影像

錄下來的影片，或是購買的影片素材。

靜畫檔案

輔助影片的插圖與照片等

配合主題製作或另外購買。

主題（1）

主題（2）

有了這4種素材，就能以各種剪輯方式來表現影片。

不同的剪輯手法，不同的表達形式

簡單來說，影片編輯就是將錄影的影像或圖片等素材剪接在一起，並且加上字幕效果或音效等其他資訊，將素材整理成一支影片的工作。

剪輯時需要利用素材，將企畫的行銷意圖發揮到極致。

剪輯行銷影片時，要讓觀眾了解事物美的地方、好吃的地方、有趣的地方等優點，讓觀眾和影片產生連結。影片還要製造出讓觀眾購買或來訪的契機。

同樣的影像素材，以稍微不同的方式剪輯，就能大幅地改變傳遞給觀眾內容。

有效傳達資訊的三大要點

如上方說明所示，為了正確又有效地傳達行銷意圖，剪輯的工作分為3大項目。

●去蕪存菁

開始剪輯之前，應該已經取得了大量的影片、靜止畫面或是音訊檔等素材吧？首先從這些素材當中挑出我們最想給觀眾看的部分，並且排除其他素材。

到底該怎麼剪輯，才能將影片的主旨傳達給觀眾呢？讓我們一起整理剪輯的重點吧！剪輯影片有三大要點。為了製作出具有行銷力的影片，製作影片時請掌握這些要點。

【編輯影片需要掌握的 3 大重點】

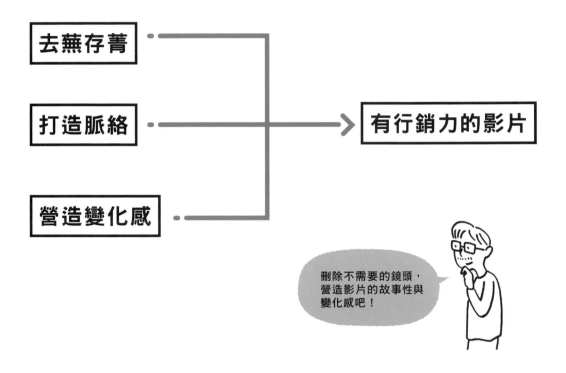

刪除不需要的鏡頭，營造影片的故事性與變化感吧！

如果做出錯誤的取捨，不僅會讓觀眾感到無趣又沉悶，無法傳達影片意圖，有時候還可能造成觀眾將內容解讀成相反的意思。

剪輯師收到的這些素材，都是經過艱辛的錄影過程，和其他人員一起合作並製作出來的，所以在心情上我們或許會捨不得丟棄它們。但是，為了傳達影片的行銷意圖，我們必須狠下心來刪除不需要的部分。

●打造脈絡

將選好的素材排列起來，製作成一支有故事的影片。用心挑選思考並決定素材的順序或每段素材的播放時間，剪輯出可讓觀眾逐漸理解，看完影片後會留下好印象的故事。剪輯的順序不一定要依照錄影的順序。

●營造變化感

多多利用效果來剪輯影片，聽不清楚或想要強調的地方，可以添加字幕特效（文字）、音效、背景音樂或旁白說明等效果，讓觀眾持續看下去而不感到厭煩，以輕鬆的心情觀看影片就能理解影片的意圖。

依照這些概念來剪輯素材，就能製作出一支走入世界的影片。

02 影片編輯流程

【影片編輯的主要步驟】

整理影片素材 ⇢ 將錄好的影片、圖片或背景音樂等需要用到的素材（毛片）載入剪輯軟體中。

素材排列於時間軸 ⇢ 將影片素材排列於時間軸區塊的上方，大致整理一下影片的順序。

剪輯影片 ⇢ 剪接時間軸上方的素材，剪掉多餘的部分並選出需要的部分，調整播放速度等細節。

調整聲音 ⇢ 讓演出者的聲音更清晰，降低雜音使聲音聽起來更清楚；加入背景音樂等音訊檔，調整聲音的部分。

增加文字特效 ⇢ 在影片上面添加標題、字幕效果、說明圖片等展示用的素材。

影片剪輯流程因人而異

剪輯影片的流程往往因目的或個人習慣而異。像是剪輯到一半才發現素材不夠，不得不重新錄影補拍，像這樣一來一回剪輯的狀況其實在業界也很常發生，所以請發掘自己做起來比較順手的剪輯流程與方法。

本書將以最多人使用的影片編輯軟體Adobe Premiere Pro講解剪輯方法，基本上其他剪輯軟體的操作方式也都大同小異。

每個人編輯影片的流程不盡相同，習慣作業流程之後，就會找到適合自己的處理方式。這裡將以 Adobe Premiere Pro 為範例，為你講解影片剪輯該怎麼操作。

| 增加效果 | → | 為了做出更有魅力的影片，可以在加入更豐富的影像與聲音效果。如此一來就能加強畫面或故事的呈現，讓影片更容易傳達行銷目的。 |

| 調色 | → | 調整每一個鏡頭的亮度或色彩，校正成更容易觀看、更完整的影片。 |

| 匯出 | → | 將剪輯完成的影片輸出成一個檔案。發布影片的媒體不同，需要輸出的檔案格式或解析度也不同，請確認過後再輸出。有些影片編輯軟體還可以直接將影片上傳到 YouTube 等社群媒體上。 |

【剪輯軟體 Adobe Premiere Pro 開始工作區】

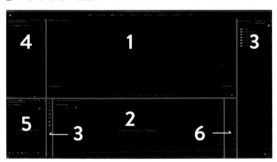

左邊的畫面就是剪輯軟體 Premiere 的開啟畫面（稱為開始工作區），本書將用它來講解操作方法。這個工作區可以調整版面配置，讓我們操作時更方便，畢竟每個人覺得方便的版面配置各不相同。請找出適合自己操作的版面配置（工作區）吧。

剪輯影片專用的版面配置、調色（Color Grading）專用的版面配置，像這樣根據不同的作業目的切換版面，也是很方便的使用方式。

1. 預覽面板
顯示剪輯中的影片。

2. 時間軸面板
排列影片片段，並且將影片（序列）組合起來。剪輯影片的主要工作都在時間軸面板上執行。

3. 工具面板
此區有一排操作功能的圖示，可選擇時間軸上的操作功能，例如切割或移動片段等。

4. 效果面板
此區有許多加入影片片段裡的效果，例如影像效果（Picture Effect），或者是轉場效果（transition）等。請從中選擇喜歡的效果。

5. 專案面板
用來一覽剪輯的毛片（影像、圖片與音訊等素材）。

6. 音量面板
播放或預覽影片時，這裡會顯示影片的音量。剪輯過程中，可從此區確認聲音是否過大，以免出現破音等問題。

03 整理素材

開啟軟體，了解基本操作

① 開啟影片剪輯軟體

開啟 Adobe Premiere Pro（以下操作說明
簡稱 Premiere）。

② 建立專案

為進行影片編輯作業，除了錄下來的素材（以下稱
為毛片）之外，還需要很多其他的檔案，比如圖片
檔、尚在編輯階段的檔案等。彙整這些檔案的資料
夾就是「專案」。

點擊「建立新專案」。
視窗中會顯示許多設定項目，只要設定專案名稱和儲
存位置就好，其他項目維持預設（最初的設定）。

完成初次設定後，畫面就會顯示開始工作區。

匯入毛片（素材）

① 複製或移動檔案

將錄好的影片、靜畫與音訊等檔案，複製或移動到專
案資料夾裡。

POINT!

整理相關資料夾

　建議事先整理好和影片相關的檔案，這樣比較容
易進行備份。
　雖然許多影片剪輯軟體或文書處理軟體在匯入圖
片等檔案時，軟體內部會複製該檔案並匯入專案，
但是影片剪輯軟體卻無法將檔案複製到專案裡，而
是需要繼續使用原始檔。所以，如果在剪輯過程中
移動或刪除素材的原始檔，軟體就會找不到原本的
檔案，並且顯示出錯誤。這會造成製作完成的影片
無法顯示素材內容。

關於相關素材檔的匯入方式，雙擊 Premiere 視窗左
下方（之後可以改變位置）的「開始導入媒體」，拖
曳並導入影片或靜畫等毛片素材。
此外，也可以從 Windows 檔案總管，或是 macOS 的
Finder 中拖放毛片檔。

開啟剪輯軟體，整理錄好的影片素材。這裡雖然省略了細節，但這是開始剪輯影片的第一個步驟。接下來將講解「挑選並匯入素材」的操作方法。本章節講解的畫面，實際配置會因人而異，還請多加留意。

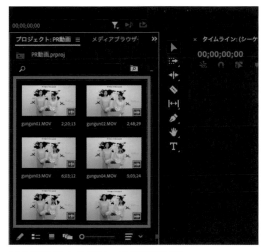

匯入進軟體中的素材，會以縮圖呈現。
在縮圖上左右移動游標，就能播放縮圖的影片，可用來確認開頭以外的其他影片內容。

② 製作與整理素材箱

媒體區的右下方有新增素材箱的檔案夾圖示，點擊圖示並建立素材箱。

POINT!

活用素材箱／資料夾

製作一支影片必須準備大量的素材檔，例如錄好的影片、照片、插圖、公司或商品Logo等圖示，或者是音效、背景音樂等素材。有的時候甚至可能需要準備超過100個檔案。如果只是事前將檔案排列好，那一旦檔案數量增加，剪輯時要從中找出偶爾需要用到的檔案，尋找的過程就會很費力，效率實在不好。Premiere中的媒體區可以建立資料夾（稱作素材箱〔bin〕），用來整理素材。

③ 設定資料夾名稱，加入素材

點擊媒體區右下方新增素材箱的檔案夾圖示，建立素材箱。

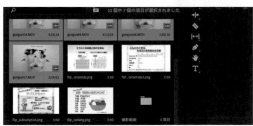

將欲放入素材箱的毛片，拖曳到素材箱的圖示裡。想要觀看素材箱的內容時，雙擊圖示就會顯示出用來檢視毛片的視窗。

HINT!

如何讓素材箱回到上一層

點擊下方圖示，返回上一層。

04 排列時間軸，掌握整體畫面

排列素材

① 將素材排列於時間軸上

將原本在專案面板中的毛片排列於時間軸上，實際操作是將毛片拖曳到時間軸上。

將影片片段拖曳到時間軸之後，畫面上會顯示出水藍色的長方形標示。序列（Sequence）會顯示並建立於畫面下方。序列是指將時間軸上的素材排列成一連串的片段。

POINT!

製作序列

　可以用單獨一個序列來製作一支影片，也可以將「訪談場景」、「外觀場景」，以及每個統整起來的主要場景製成序列，先將序列排列好，再做成一支影片。將每個場景都分成一種序列，如果到了剪輯後期發現「場景的順序好像有誤」，就能以場景為單位進行替換，這麼做會比較方便。

POINT!

時間軸怎麼看？

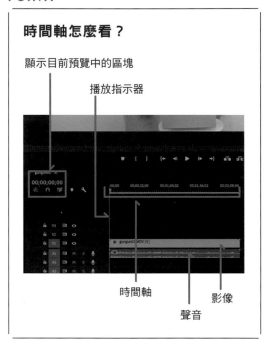

顯示目前預覽中的區塊

播放指示器

時間軸　　　影像

聲音

② 預覽1

時間軸上的毛片會顯示成一個橫條。

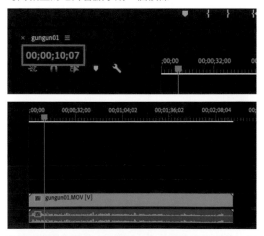

這個時間軸上播放了0秒到2分20秒左右的毛片，可以看到現在是10秒第7影格的時間點，顯示於預覽區中。排列在時間軸上的毛片稱為片段。

整理好毛片後，終於要開始「影片剪輯」的工作了。這裡將講解時間軸上的基本流程。將毛片放在時間軸上，大致掌握影片的整體情況。

③ 預覽2

讓我們來看看時間軸的片段吧。預覽區下方有幾個滑軌與按鍵。點擊播放鍵，影片就會在預覽區播放；也可以按下鍵盤的空白鍵來播放影片。影片開始播放後，預覽區下方的時間碼，或者是時間軸上面的播放指示器也會跟著左右移動。

用滑鼠左右拖曳時間碼或播放指示器，播放位置就會依照它們的設定而改變。

如果需要一格一格仔細確認影格，可以點擊預覽區下方的 ◄❙ ❙► 圖示，就可以一格一格地前進或後退影格。

拖曳到時間軸上的毛片和素材箱（資料夾）一樣，都會新增一個與毛片相同的預覽圖。預覽圖是指在毛片移至時間軸時，自動生成的序列。序列和影像或音訊等素材是一樣的，都會形成一個片段。預覽圖的右下角有一個小圖示，這個圖示和影片素材的圖示不同，可用來區分類型。

POINT!

更改名稱

自動生成的序列名稱，和拖曳到時間軸上的毛片檔名相同，為了區分得更加清楚，建議將序列名稱改掉。

點擊名稱的地方，就可以更改素材名稱。

排列多個毛片 A

① 增加並排列片段

通常單獨一個片段沒辦法做成一支影片，因此需要將兩個片段排列於時間軸上。

直接預覽兩個片段時，第一個影片播畢後，中間會出現一點全黑的畫面，接著才會開始播放第2個影片。這是因為時間軸上的第1片段和第2片段中間有空隙的關係。

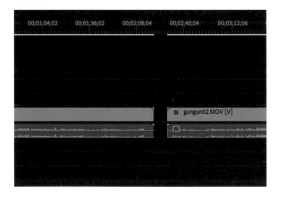

② 挪動位置，完成影片

確認工具面板的選項中有選到 ▶ 工具，接著將第2個素材拖曳到左側，讓中間的空隙消失。

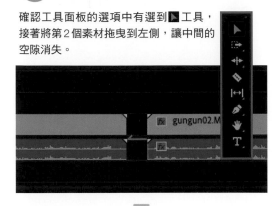

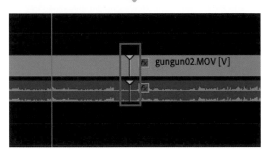

在銜接起來的狀態下播放片段，第1片段播完之後，就會緊接著播放第2片段。

將工具面板的按鍵位置記下來，操作起來更有效率！

POINT!

聲音播不出來的時候

　　將媒體區的毛片排列在時間軸上，視訊軌（V1）與音訊軌（A1）的地方，應該會有兩條橫條被拖曳過去；但如果只有顯示其中一軌，請確認時間軸左邊的V1、A1框框是否呈現藍色。

　　右圖中的音訊軌沒有顯示出來。當框框未呈現藍色時，就要先將框框點擊成藍色，接著再將素材拖曳到時間軸上。

填滿空隙的快捷鍵

　　想要在片段與片段之間填滿空隙時，也可以點擊空隙處，並且按下 [delete] 鍵。

調整

① 拖曳片段，擺放位置

拖曳第2片段（確認工具面板是否有選擇 ▶ 工具），將片段移至各種位置上，並且進行預覽。移動時，請確認時間軸和編輯中影片之間位置關係。

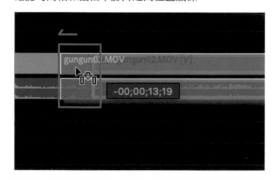

將同一行的片段疊在一起時，被移動的片段會覆蓋另一個片段的素材。

② 替換片段

上下重疊兩個片段時，時間軸會顯示愈靠近上方的片段（兩個片段的音訊都會播放出來）。

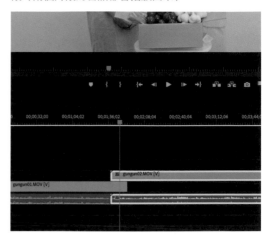

做到這一步之後，就更能想像出成品的樣子了。影片故事是否簡單易懂？一起修改看看吧！

如何調換片段的順序

　　一直按著 [ctrl]（mac則是 [⌘]），同時拖曳第2片段，將它移到第1片段的開頭，調換順序。

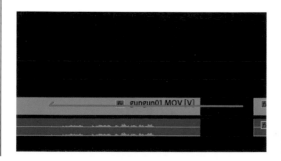

05 裁剪編輯作業

只取出重要的部分

① 刪除播放範圍前面的片段

選擇工具中的 ▶。將播放指示器移動至重要片段的起點（IN點）。

POINT!

調整播放指示器的位置

在預覽區確認並播放影片，並且將播放指示器移動至大概的位置。播放進度超過太前面時，用滑鼠將播放指示器移到左邊。按住方向鍵 ← 或 →，就能以單一影格為單位移動播放指示器，調整更細微的時間點。將片段左側開頭（起點）的部分拖曳到播放範圍上，就能刪除播放範圍以前的部分。

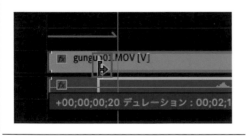

② 刪除末端不需要的部分

以同樣的做法，將播放指示器移動到重要部分的尾端（OUT點）。

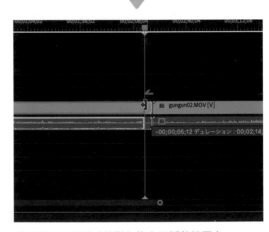

將片段右側尾端（終點）拖曳至播放範圍上。

裁剪是影片編輯的重要工作

時間軸上的影片素材中，應該有很多影片需要裁切掉重要部分以外的前後內容。我們需要剪掉前後內容，並且在時間軸上只保留重要的部分。編輯片段（顯示於時間軸上的橫條）並刪除（剪掉）不需要的部分，這個步驟稱為裁剪。這裡指的並非切除原始檔，而是指在剪輯軟體中進行的裁剪。

影片會在各種情況下使用裁剪功能，比方說，即使NG了還是要繼續用相機錄影，這時就可以之後再利用剪輯軟體裁剪NG片段。當一顆鏡頭拍太長的時候，也可以剪掉中間空白的部分。這裡將為你講解剪輯兩個檔案的操作方式。

上一節已經將毛片放入時間軸，進行預覽了。接下來要整理排在一起的毛片，只留下重要的部分並裁剪掉不需要的部分，提高影片的完成度。裁剪影片時搭配快捷鍵，工作起來會更有效率。

③ 填滿空白的部分

裁剪完之後，請連同播放範圍左邊的部分一起預覽看看。我們會發現，播放保留下來的片段時，它的前後部分（刪除的片段）會變成全黑畫面，也沒有聲音，所以應該將左右兩端的空白部分刪除。點擊左邊的空白部分，並按下 delete 鍵。

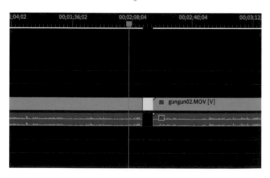

以同樣方式點擊右邊的空白部分，按下 delete 鍵。

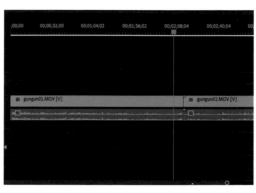

右邊的空格也刪除了。如前面的說明，刪除（裁切）不需要的片段就稱為裁剪。只有 Premiere 裡的部分片段會被刪除，原始檔並不會受到影響。被刪除的部分也可以用在其他地方，一直重做也沒有問題。

電腦剪輯可重做很多次，所以不妨多嘗試幾種裁切的時間點吧。

POINT!

放大／縮小時間軸

　剪輯過程中，可以在時間軸上重複確認幾分、幾十分的影像整體畫面，以單一影格（1/30秒）為單位重複調整細節。為了讓軟體操作起來更方便，我們可以放大或縮小時間軸以便檢視。

　時間軸下方有一個滑軌，滑軌的左右兩邊有圓圈，只要左右移動這個圓圈，時間軸的範圍就會隨著滑軌的長度而變化。滑軌變短，時間軸就會放大；滑軌變長，時間軸縮小。

　左右拖曳滑軌或滾動滑鼠的滾輪，時間軸的顯示畫面就會左右移動。處理細部作業時要放大時間軸；想要掌握整體畫面或前後片段之間的平衡時，則要縮小時間軸。

分割片段

① 裁剪

點選工具列的剃刀圖示 ◈，將播放指示器移動到欲分割的片段位置。

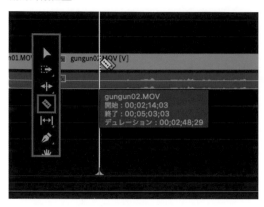

將游標移到播放指示器附近，這時游標會變成剃刀的圖形，點擊滑鼠左鍵並分割片段。

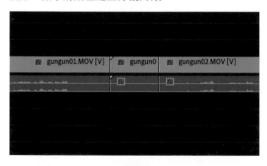

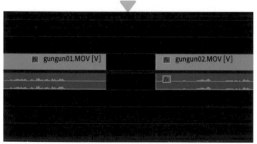

② 刪除分割點前面的部分

刪掉時間軸上開頭的部分之後，將留下來的片段靠到時間軸的最左邊。用滑鼠選取所有留下的片段，也可以按下 ctrl ＋ A 或 ⌘ ＋ A 後選取，並將片段拖曳到最左邊。

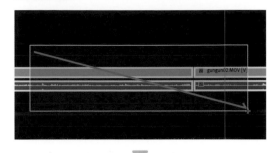

用剃刀工具切割並連接片段。

POINT!

同時編輯影像與音訊

　　點選時間軸上的片段切割點左邊，並按下 delete 鍵，就能刪除分割點以前的部分。這個動作就是「刪除片段的前後段，只保留需要的部分」，將片段左端（起點）的部分拖曳到播放範圍也是同樣的概念。分割影像片段（V1）之後，馬上確認（V2）音訊軌是否也同時被分割了相同的地方。如果音軌沒有被分割，可能表示聲音和影像（V1）的連結斷掉了。這時就需要重新連接影像與音訊，或者是用裁剪影像的方式來裁剪聲音。

分割片段

　　除了刪除片段前後的部分以外，也可以分割片段中間的部分，有時也可以另外將它們用在其他場景中。

　　除此之外，錄影時就算NG了，相機也能繼續拍攝，之後再刪除多餘的部分；刪除影片素材中間的部分來改善影片節奏，或是在影片間隔中插入開頭畫面，這些剪輯片段的過程就是影片編輯的基本工作。切割、排列、替換並連接片段，就是剪輯的基本工作。

　　如果看了剪輯後的影片覺得很無趣，也可以大

使用快捷鍵

① 剪輯

多多利用鍵盤的快捷鍵，可以裁剪得更有效率。

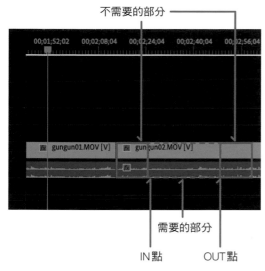

不需要的部分

需要的部分

IN點　　OUT點

將播放指示器移到IN點。

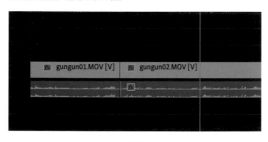

按下鍵盤的 Q 鍵。

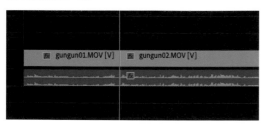

② 可以進行快速裁剪

刪除IN點左邊的部分，將留下的部分補到最左邊。以同樣的方式，將播放指示器移動到OUT點，並且按下 W 鍵。

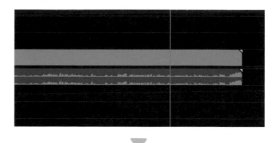

▼

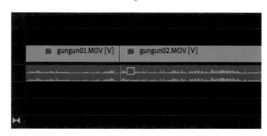

以這樣的操作方式，左手放在鍵盤的 Q 與 W 鍵，右手則放在滑鼠上，就能抓到裁剪片段的節奏。基本上剪輯工作就是像這樣透過重複剪輯，組成一個完整的影片，軟體也具備微調剪輯長度的功能，在編輯細節方面相當方便。

編輯影片時，記住剪輯軟體的快捷鍵，剪輯效率會大幅提升喔。

膽地改動片段的剪輯時間點或順序，以改善影片的節奏。

提高剪輯效率

編輯影片初期，先將片段排列在時間軸上，並且取出需要的部分，讓影像的整體能夠顯現出來。

開始進行裁剪作業時，使用剃刀工具 ◣ 逐一裁剪；用選取工具 ▶ 選取被移除的部分，填補空白的地方……這些操作實在很費時費力。

所以請多多利用鍵盤的快捷鍵，提高剪接的速度吧。有些剪輯軟體還有更改快捷鍵的選單，可依自己的喜好客製化快捷鍵。

改變片段的長度

刪減不需要部分，同時想重新調整刪減片段時，波紋剪輯工具是很方便的功能。

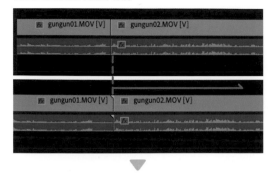

選擇工具面板的波紋剪輯工具 ◄▮► 。將游標移動到片段的右端（欲挪動IN點時）或左端（欲挪動OUT點時），圖示就會改變。

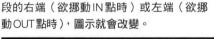

接著直接左右移動，就能改變片段的長度。圖片範例是調整左側的片段。

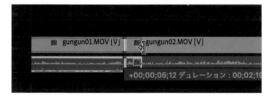

拉長左側的片段，時間軸的整體長度變化是一樣的。

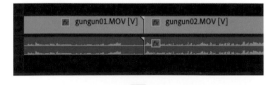

從同樣的位置拖曳時，也要確認圖示的標示方向。範例圖片中的圖示為更改右側片段IN點的操作過程。

編輯時不改變片段長度

用捲動剪輯工具改變片段的長度，時間軸的整體長度變化是一樣的。如果要在不改變整體時間軸長度的情況下替換片段，挪動替換片段的時間點時，就需要使用捲動剪輯工具。

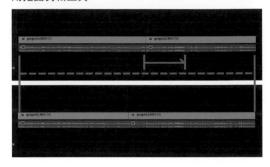

長按工具面板上的波紋剪輯工具 ◄▮► 圖示，選擇「捲動剪輯工具」。

將游標移到時間軸上片段之間的銜接處，游標就會變成捲動剪輯工具的游標圖示 ‡‡ 。

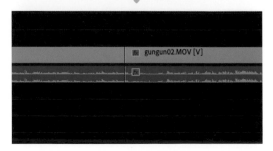

在這個狀態下左右拖曳，就能移動片段的邊界線。

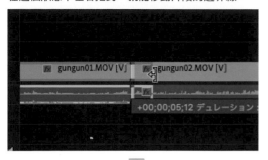

右邊的片段最右端的位置並未改變，而且可以看到時間軸的整體長度也沒有變動。

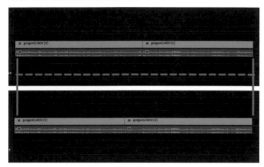

改變速度，調整時間

① 選取速度調整工具

長按工具面板中的波紋剪輯工具（或捲動剪輯工具）圖示，就會顯示出3個工具圖示，此時選擇「速度調整工具」。

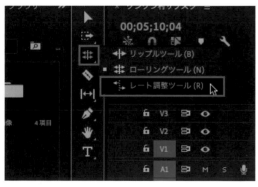

在時間軸上，將游標對準片段之間的銜接處，游標就會變成速度調整工具的游標圖示。

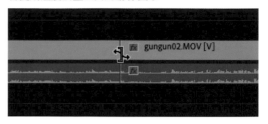

② 移動片段的邊界線

滑鼠左右拖曳，片段的邊界線就會跟著移動。

③ 片段的長度會改變

結束拖曳操作之後，片段的長度就會改變。
片段上會顯示出 fx 圖示（表示加入效果的意思），以及播放速度%。改變播放速度，聲音的音調（音高）也會跟著變化。播放速度愈快，音調愈高；播放速度慢，音調則愈低。如果把播放速度調得太極端，不只聲音表情會改變，還會變得很難聽。調整具有聲音的片段時，調整幅度請限制在 ±5%以內。如果需要條整到超過這個範圍，建議重新進行編排。

改變播放速度，調整片段的長度

波紋剪輯工具、捲動剪輯工具可透過改變被剪輯片段的剪輯點，改變各片段的播放時間。

可是，有時在編輯過程中，可能會出現為了搭配配樂與影像，而不想前後拉長或縮短片段，但又想調整播放時間的情形。遇到這情況時，就要使用速度調整工具。調整好影片的速度後，就可以配合時間點。

06 編輯聲音

放大聲音的時間軸

完成9-05節「剪輯作業」（P.146）後，畫面會停留在剪輯的時間軸上。如此一來音訊列看起來太小，看不到波形就很難進行編輯，所以應該將音訊列放大。

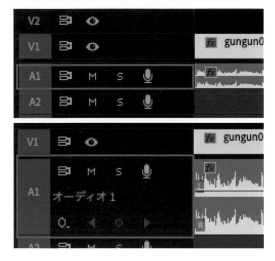

POINT!

A1與A2條列中有聲音波形

將游標對齊音訊列的麥克風右側並雙擊，音訊列就會放大，波形看起來更清楚。時間軸的影像下方會顯示A1、A2……等音訊列。這些音訊列會顯示出聲音的波形。

片段縫隙的聲音處理方式

從畫面右側的「效果」中，打開「音訊過度」（Audio Transitions），並選擇「指數淡化」（Exponential Fade）。將功能拖曳到音訊軌上欲淡化的地方。

POINT!

淡入淡出、交叉淡化

淡入：拖曳至片段的左端。

淡出：拖曳至片段的右端。

交叉淡化：拖曳至片段的邊界線。

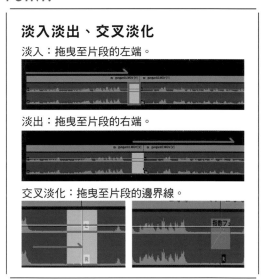

剪輯作業在影片編輯的重要性

完成剪輯作業後，接下來要整理聲音的部分。像是去除錄影時的雜音、使演出者的聲音聽起來更清楚，或是加入音效、背景音樂等。完善的聲音處理可瞬間提高影像的完成度。如果要進行專業的音訊調整，應該使用同樣包含在 Adobe Creative Cloud 的 Adobe Audition 軟體，但解說中使用的 Premiere Pro 也能夠完成基本的剪輯作業，因此這裡將以 Premiere Pro 來講解聲音的編輯方式。首先，為使聲音編輯過程更流暢，需要從更改顯示畫面開始。

處理聲音與聲音之間的縫隙、調整好音量等設定，並且仔細調整細節，就能完成清晰好聽的聲音檔。

先處理聲音片段的縫隙吧！

聲音片段間的銜接處突然斷掉，或者是替換片

了解剪輯聲音、更改聲音速度等細節的基本知識後，接下來要調整音量的大小。每個鏡頭的音量都要進行調整，並加工處理銜接部分。

調整音量大小

① 改變顯示的大小

調整時間軸下方的滑軌，讓編輯中的整體影像顯示出來。

挪動滑鼠，選取所有片段的聲音。

在音訊片段的上方點擊滑鼠右鍵，從選單中點擊「音訊增益」（Audio Gain）。

在音訊片段的上方點擊滑鼠右鍵，從選單中點擊「音訊增益」（Audio Gain）。

4個選項當中，點選「標準化最大峰值」（Normalize Max Peak），並將右側的數值設定為0dB。

點選「OK」後，所有音訊片段多音量都會正常化。

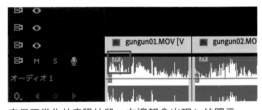

音量正常化的音訊片段，左邊都會出現fx的圖示。

段之後，卻出現「噗滋」的雜音，刺耳的聲音聽了很不舒服。

為消除這些雜音，片段銜接處的聲音需要使用淡入淡出（Fade）功能。片段開頭從無聲慢慢變大聲，稱為淡入（Fade In）。片段結尾的聲音慢慢變小，就是淡出（Fade Out）。

替換片段的時候，淡出前方聲音片段的同時，後方的聲音片段也要淡入，這個操作稱為交叉淡化（Crossfade）。

調整聲音大小（音量）

剪接好聲音之後，接下來要做的就是調整每個鏡頭的音量。影像片段的來源有各種地方拍攝的影像，或是另外購買的影像等，即使每個片段各自聽起來很好聽，但經過排列後就會發現音量有大有小，整體聽起來給人焦躁不安的感覺。有幾種方法可以將音量調整至標準大小（音量正常化），請記住統一每個鏡頭最大音量的方法。

調整好音量後，試聽看看吧！

　　音量正常化之後，再完整播放一次影像，就能讓音量維持一定程度的一致性。雖然「標準化最大峰值」是音量正常化的基本功能，但如果片段中夾雜著過大的音量，整個片段的聲音就會變小，因此這個功能並非無所不能。而且聲音聽起來有參差不齊的感覺，如果所有影像中，有聲音太大或太小的片段，就要逐一調整每個片段的音量。

② 調整音量的方式

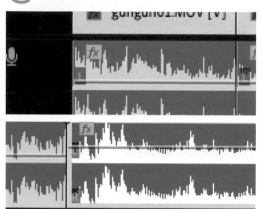

　　在音訊片段上的白線可用來調整音量，用滑鼠上下拖曳白線以調整進行音量。

往上拖曳，音訊片段的音量會提高（變大聲）；往下拖曳，音訊片段的音量會降低（變小聲）。

請試著將影片的整體音量調整至不會感到參差不齊的程度吧。

音量調整一致後，接下來要消除風聲或動作的聲音，使人聲更加清晰。

去除噪音

① 降噪

從「效果」中打開音訊效果選單，選取「降噪」（DeNoise）功能，將功能拖曳至欲消除的音訊軌。

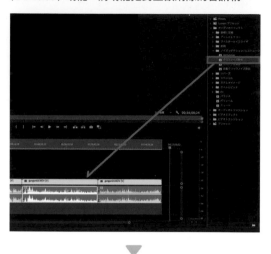

▼

　　確認播放指示器是否在目標音軌上，打開左上方的（如果有移動過，則以移動後的位置為主）「效果控制面板」（Effect Controls），即可看到「降噪」功能。

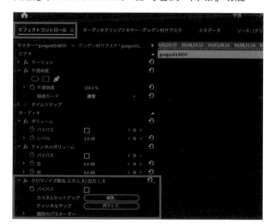

選擇刪除的噪音類型

　　「處理焦點」可用來選擇欲刪除的聲音頻率。最左邊的是「全部頻率」，由左而右依序為「低頻率」、「中等頻率」、「更低和更高的頻率」、「更高的頻率」。基本上，只要點選最左邊的按鍵就行了，但如果噪音著重於低音或高音，則要選擇其他的選項，可避免音質太差，並且去除噪音。一般來說，去除噪音後的音訊片段音量會變小；如果刪除了強烈的噪音，之後要記得再重新調整一次音量。

② 編輯自定義設置

點擊「自定義設置」（Custom Setup）的編輯鍵，打開設定視窗。

▼

播放片段的同時，調整下方滑軌的數值，就能即時刪除噪音；可一邊聽聲音，一邊調整滑軌的數值。

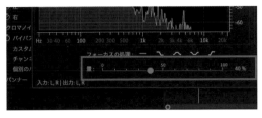

HINT!

讓聲音聽起來更清晰

去除雜音的數值愈大，除噪音的效果就愈好，但說話的聲音卻會變質，聲音聽起來會像機器人一樣沒有情緒。如果原始影片的噪音很大聲，就必須使用高強度多除噪音功能，但要在降噪強度與音質不佳之間找到平衡，卻變得相當困難。因此錄影或錄音時請儘量減少噪音。

消除殘響

在狹窄的室內錄音，或是麥克風離嘴巴很遠的時候，牆壁等事物反射的殘響也會混雜在聲音裡；發出嗡嗡聲的回響聽起來很不清楚，遇到這種狀況時就必須消除殘響才行。

從「效果」中點開「音訊效果」，並且選取「消除殘響」（DeReverb），拖曳到欲降低殘響的音訊軌上。

確認播放指示器是否在目標音軌上，開啟左上方（如果有移動過，則以移動後的位置為主）的「效果控制面板」，即可看到「消除殘響」。

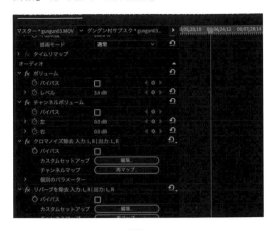

▼

點擊自定義設置的編輯鍵，開啟設定視窗。

播放片段的同時，調整下方滑軌的數值，就能即時去除殘響；可以一邊聽聲音，一邊進行調整。

▼

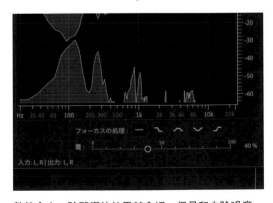

數值愈大，除殘響的效果就愈好。但是和去除噪音一樣，過度消除殘響會讓說話的聲音變質，聲音變得像機器人一樣，聽起來反而不舒服。

請將聲音調整到聽起來最清晰的音質。

使用壓縮效果器

① 拖曳音訊軌

從「效果」中點開「音訊效果」，選擇「多頻段壓縮效果器」並拖曳至欲使用壓縮效果器的音訊軌。

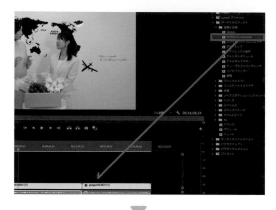

確認播放指示器是否在目標音訊軌上，點開左上方（如果有移動過，則以移動後的位置為主）的「效果控制面板」，即可看到「多頻段壓縮效果器」。

點擊自定義設置的編輯鍵後，會顯示出以下畫面。

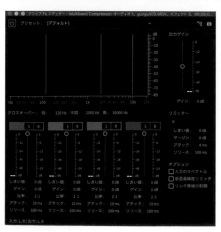

② 調整聲音大小

聲音大小差異太大，想要降低音量差距，讓聲音聽起來更清楚時，從上方的預設中選擇適合的選項「提高人聲」。

想要讓低沉的聲音聽起來更清楚時，從預設中選擇「強調高音」。

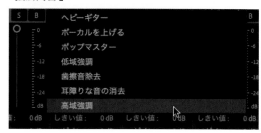

雖然也有調整細微參數的功能，但還沒習慣之前，預設裡的選項就很夠用了。

加入音效與配樂

① 開啟Audition

啟動Audition，從選單裡的幫助中，點選「下載音效」。

用壓縮效果器調整聲壓

有大有小的聲音混在一起，尤其是男性的聲音大多較低沉，聽不太清楚的時候，就要使用「壓縮效果器」（Compressor），壓縮最大和最小音

② 下載檔案

啟動Audition，從選單裡的幫助中，點選「下載音效」。

▼

點選SoundEffects下方的「View Downloads」連結。每個類別都有整理了多種音效的zip壓縮檔。

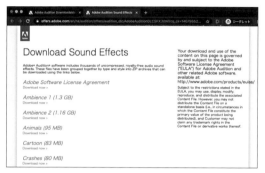

https://offers.adobe.com/en/na/audition/offers/audition_dlc.html

③ 匯入媒體區

下載並展開重要的檔案。雖然下載前無法先試聽有些不方便，但Audition整理了很多高品質的音效，可以使用Audition的人請一定要下載看看。接下來，和影像素材一樣，將音效檔案拖曳到媒體區。

④ 移動播放指示器

將播放指示器移至時間軸上欲加入音效的地方。
將媒體區的音訊素材，拖曳至播放指示器附近的空白音訊時間軸上。

⑤ 插入背景音樂

一邊播放，一邊調整時間點。
插入背景音樂後，有時候原本的影像聲音會變得聽不清楚。
這時就需要將背景音樂的音量降低到不會影響原始聲音的程度。背景音樂會顯示在音訊的時間軸上，時間軸上有麥克風圖示，雙擊圖示右側的空白部分。

音訊時間軸會變寬，並且顯示出白線。用滑鼠上下拖曳白線，就可以調整配樂的音量。
重複播放並調整，找出聽起來很清楚、聽了會令人心情愉悅的音量大小。
大部分的市售音源，或者是網路下載的免費素材，起初的音量數值都很高，所以需要大幅度地（10dB）調低音量。

量之間的差距，聲音聽起來就會更加清楚。

加入音效或背景音樂

調整完影像聲音之後，接下來讓我們一起加入音效或背景音樂吧。

Premiere軟體並未提供音效，所以我們必須在網路上購買，或者是自己另外錄製。如果你使用的是Adobe Creative Cloud全套產品，那麼就可以透過聲音編輯軟體Audition，來下載可運用的音效素材。

07 插入或新增圖片

匯入靜畫

1 移動靜畫檔案

在專案的文件夾中，移動或複製所有的靜畫檔案，並拖曳到專案面板上。

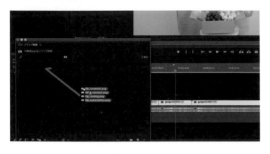

2 移動靜畫

在時間軸上，將播放指示器移到欲插入靜畫的地方。

3 插入靜畫1

從匯入靜畫的專案面板或素材箱中，在已放入影片的條列上排，將靜畫拖曳到播放指示器的右側。

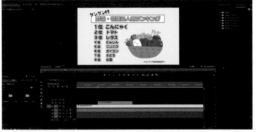

圖片在影片編輯中的重要性

像是商品比較表格這類需要讓觀眾了解細節的內容，或者是難以錄成影片的東西，應該另外準備圖片，並在影片中插入靜畫。

我們可以用數位相機拍攝靜畫，或是掃描手寫文字的紙張並匯入軟體。除了可使用 Illustrator 與 Photoshop 等圖像軟體製作之外，也能用 PowerPoint 或 Keynote 之類的簡報軟體製作。

下一節將練習插入演出人員的名字、場景標題等字幕效果（文字資訊）。除了 Premiere Pro 以外，幾乎所有的影片剪輯軟體都具備插入字幕的功能。

畫面長寬比與解析度須互相配合

如果打算使用數位相機或是智慧型手機拍攝的照片來加入影片當中，那麼就必須配合影片的比例，裁切照片的長寬比。

④ 插入靜畫2

時間軸上的靜畫（紫色長方形），會顯示在影像（水藍色長方形）的上一排；所以影片中的靜畫會顯示在影像的上面（前方）。建議事前記住，時間軸上排的毛片會顯示在影片的前方。靜畫中也可以增加視訊轉場（Video Transitions）或視訊效果（Video Effect）。

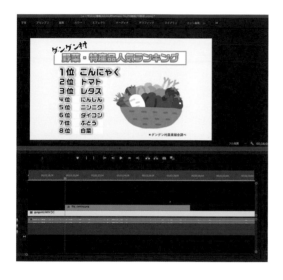

POINT!

利用軟體製作靜畫

一般來說，編輯 HD 畫質時，畫素設定為 1920×1080；4K 畫質的畫素則要設定為 3840×2160。圖片格式請製作成 PNG 或高畫質的 JPEG。將影片裡使用的說明圖卡長寬比製作成 16：9，還可以直接用於影片中，十分方便。

包含文字或圖表等資訊的圖片，最適合利用簡報軟體來製作說明圖卡，做起來更方便。我們必須用 Full HD 畫質製作簡報投影片，請依照以下說明進行設定。新增文件夾，以 16：9 的比例製作投影片。如果投影片的比例為 4：3，則到選單的〔設計〕－〔投影片大小〕，將比例改為〔寬螢幕（16：9）〕（以 Microsoft PowerPoint 為例）。

數位相機或智慧型手機拍攝的照片，長寬比通常和影片（16：9）不同。一般來說，智慧型手機為4：3，數位相機為3：2。所以如果想要在全螢幕中顯示照片，就需要配合影片的長寬比進行裁剪（切割）。而在正常的 HD 畫質中進行編輯，像素需要裁切為1920×1080；4K 畫質的像素則是3840×2160。

雖然也可以直接在影片剪輯軟體中，配合畫面調整原始照片的比例，但這樣很難進行微調；所以事先用圖像編輯軟體裁切好，能幫助我們後續作業會更順利。

此外，智慧型手機或數位相機拍攝的照片解析度通常很高，檔案大小比影片的需求量還大，如果事先調整成前面提到的尺寸，之後操作起來也會更輕鬆順暢。

簡易的裁剪（切割）或尺寸調整，也可以用作業系統的內建軟體加工處理（Windows 的小畫家或 macOS 的預覽程式）。

08 加入易讀的文字效果

加入文字

① 輸入文字

文字效果不論是標題還是字幕,基本的操作方式都是一樣的。在時間軸上,將播放指示器移到欲顯示文字的地方,並點選工具列的文字工具圖示。

接著會顯示出紅色的文字框,用鍵盤輸入文字。

▼

輸入文字時,時間軸上方會出現粉紅色的長方形,代表正在製作中的文字片段。

POINT!

文字以每秒3個字為基本字數

　　如果顯示時間內的文字太冗長,還來不及看完文字就會消失。以中文來說,每秒的基本字數為3個字。如果要顯示15個字,最少需要5秒的時間,讓時間稍微寬裕一點,可顯示6秒以上。此外,如果想要連續呈現文字,每一行文字之間應停留0.5到1秒的間隔。如果低於這個時間間隔,往往給人一種很急躁的印象,會讓觀眾看得很累。

② 改變字體或文字大小

選擇欲更改的文字,並改變字體。

點選視窗的右上角「基本圖形」(Essential Graphics)。

▼

點擊「編輯」(Edit)標籤。

▼

設定字體、文字大小及顏色。

③ 讓文字更搶眼

影像在文字顯示的期間改變了,而文字的背景色也會跟著改變,這可能會讓文字變得很難閱讀。因此,我們應該利用①增加背景色、②增加文字描邊,凸顯文字,並讓文字更好讀。

觀眾看影片時，不會永遠都處在可以播放或聆聽聲音的環境裡。而且像是商品名稱或價格之類的資訊，除了耳朵聽得到以外，以文字作為眼睛接收的訊息，會更容易將資訊傳達出去。接下來一起利用文字效果，在影片中添加文字吧。

增加背景顏色

① 設定文字背景色與透明度

基本圖形的下方「背景」的左邊，有一個確認方格，在方格中打勾，並選擇文字的背景顏色。正下方有兩個滑軌，運用滑軌調整背景顏色的透明度與寬度大小。

② 增加文字描邊

基本圖形下方「描邊」（Stroke）的左邊，有一個確認方格，在方格中打勾，選擇外框顏色與粗細度。

③ 使用對齊功能

點擊「基本圖形」的「對齊與變形」功能最左邊的選項，可將文字調整成水平居中對齊；左邊第2個選項則是垂直居中對齊。

添加文字效果，留下深刻印象

這裡將說明影片標題、字幕等文字資訊的添加方法。影像中的文字資訊稱為文字效果。若能善用文字特效，就能讓特別想傳達的內容，更有效地停留在觀眾的印象中。

當我們使用智慧型手機觀看影片時，有時會關閉聲音，即使打開聲音也可能因為喇叭聲音太小而聽不清楚，所以很多時候難以單靠聲音來傳達影片內容。

為解決這個問題，並讓觀眾能記住我們的商品或服務，善加利用文字效果是很重要的技巧。

［ 活用截圖功能 ］

在影片中插入靜畫時，有時會需要將電腦畫面製作成影像。這時可利用電腦作業系統的擷取螢幕快照功能，或者是截圖軟體等方便好用的工具。

Windows

全螢幕截圖，請按 [PrintSc] 鍵。

只想擷取目前使用中的視窗時，先按住 [ALT] 鍵，再按 [PrintSc] 鍵。

擷取下來的圖片會被儲存至剪貼簿，將圖片貼入相片編輯軟體（也可用系統內建的小畫家），就能編輯並儲存圖片。

Windows 10 的截圖快捷鍵，則是同時按住 [Window] 鍵和 [shift] 鍵，再按下 [S]，就能擷取特定區域的畫面。

macOS

全螢幕截圖，請同時按住 [command] 鍵和 [shift] 鍵，再按 [3] 鍵。

如果只想擷取部分畫面時，同時按住 [command] 鍵和 [shift] 鍵，再按 [4] 鍵。

如果想擷取指定視窗的畫面時，按住 [command] 鍵和 [shift] 鍵，再按 [4] 鍵，最後再按下空白鍵。

截圖會以 PNG 的格式，以截圖日期與時間為檔名，儲存至桌面中。

可透過圖片編輯軟體開啟截圖檔案，並且進行編輯。

POINT!

種類繁多的 APP 與軟體

如果想要一次擷取多個畫面，使用專業的螢幕截圖軟體會更有效率。許多截圖軟體都具備了很方便的功能。例如在一定的時間之內可連續擷取畫面的同一個部分，或者是統一進行加工處理之類的功能，Skitch 是很適合 macOS 系統的軟體。

投放影片廣告

我們都希望讓更多人看到
好不容易完成的影片。
YouTube 等許多社群媒體
會提供投放廣告影片的服務。
可從小額方案開始投放廣告,
試著配合行銷目的,
將廣告影片活用於事業中吧。

01 YouTube 的影片廣告

【影片廣告主要分 2 大類】

| 串流內廣告 | ⇢→ | 在影片中內嵌廣告的形式 |

| 串流外廣告 | ⇢→ | 置入 YouTube 的搜尋結果等畫面中，而不是內嵌在影片中的廣告（串流內廣告）形式 |

串流內廣告是很常用的廣告形式喔。和廣告公司討論時應該先了解兩種廣告類型的差別。

雖然很想發布影片廣告，打開公司商品的知名度……

活用社群媒體，讓更多人看到影片

　　將影片上傳至 YouTube 之後，肯定會透過自家公司的官網或社群媒體發布消息，但不論如何觀看人數還是有限。尤其是想要打開自家公司、產品或服務的知名度時，應該多多利用社群媒體的力量，讓更多觀眾看到影片。

　　Facebook 或 Instagram 等多種社群平台都有提供影片廣告的服務，這裡將以最容易開始，且成效很好的 YouTube 廣告進行說明。

決定廣告的類型

　　串流內廣告在 YouTube 中稱為 TrueView 串流內廣告，廣告會被置入現有客戶製作的 12 秒以上的影片中。根據不同的影片廣告目的，討論應該選擇哪種類型。

　　雖然也需要考慮到廣告的呈現內容，但如果目的是為了推廣（獲得知名度或觸及率）商品、服

平常觀看 YouTube 時，會有各式各樣的廣告出現在影片中。發布影片後，應該思考什麼樣的影片風格吸引才能吸引觀眾點擊，讓他們願意觀看廣告內容。這裡將為你講解廣告的類型有哪些。

【串流內廣告】

中插廣告與後插廣告，只會在 10 分鐘以上的影片中播放，而前插廣告才是主流的廣告形式。

前插（Pre-Roll）廣告 ‥→ 在影片開始前播放的廣告

影片前串場（Bumper）廣告 ‥→ 觀眾無法略過的短片廣告

中插（Mid-Roll）廣告 ‥→ 置入影片播放途中的廣告

後插（Post-Roll）廣告 ‥→ 在影片結尾播放的廣告

務或品牌名字，一般來說較適合使用影片前串場廣告（也就是觀眾無法略過的短片廣告），或是串流內廣告。

如果目的是提供更深入的資訊、提高觀眾的興趣，或者是獲得或培養潛在的客戶，則適合使用 TrueView 影片探索廣告。比方說，針對粉絲推廣相似產品或服務，或是在觀眾看完影片之後，引導他們前往網站；在加強品牌經營、增加粉絲方面，很適合使用影片探索廣告。此外，影片前串

場廣告可激發觀眾的興趣，再用影片探索廣告進一步行銷，像這樣搭配多種類型的「複合技」也很有效。

這些廣告就像 Google 廣告（AdWords）一樣，會根據那些對自家公司網站、對競爭對手的網站感興趣的用戶屬性，鎖定投放廣告的對象，不會像電視廣告那樣隨機散布資訊。而且還能限定播放的時間區段或日期，也可以只在廣告效果很好的時段投放。

01 YouTube的影片廣告

前插（Pre-Roll）廣告

① 可中斷的 可略過式廣告

用戶可略過或中斷廣告，並開始播放原本的影片。

② 強制觀看的 不可略過式廣告

用戶無法略過的影片廣告。不可略過式廣告需要播到最後，才會開始播放原本的影片。

POINT!

可略過式廣告的收費對象

可略過式廣告播放5秒後，用戶就可以點選跳過鍵以停止影片廣告繼續播放，並且開始播放原本的影片。建議廣告的影片長度應該少於3分鐘。每當觀眾觀看超過30秒、看完整支廣告片，或者是點擊廣告的選項鍵，投放廣告者便需要付費。

兩種廣告類型

可略過式廣告能夠在播放時跳過，並繼續播放用戶原本正在觀看的影片；不可略過式廣告則像電視廣告一樣無法任意中斷，必須播到最後結束時才會開始播放原本的影片。Youtube依據廣告投放的地點、時間點、是否可跳過之類的設定，提供多種不同的方案供選擇，例如目的是提高商品的曝光度、提高行銷轉換率等等，收費方式各不相同。

不過各位也需要留意，YouTube廣告方案會經常性地更新，詳細說明請前往Google廣告的協助網頁檢視。

https://ads.google.com/intl/zh_TW/home/

【串流外廣告】

串流外廣告在YouTube又稱為TrueView影片探索廣告，是畫面中除了正片以外的影片廣告統稱。

顯示於YouTube搜尋結果

影片播放頁面中的播放清單

手機APP的搜尋畫面

在網路上搜尋資料時，自動顯示的影片就是廣告。

POINT!

適合 YouTube 廣告的影片格式

YouTube影片廣告的建議編碼設定如下所示。

長寬比	16：9
容器類型	MP4
影片編解碼器	H.264
音訊編解碼器	AAC-LC
影片位元速率	Full HD　8 Mbps（30fps）、12 Mbps（60fps）
	4K　35-45 Mbps（30fps）、53-66 Mbps（60fps）
音訊位元速率	單聲道 128 kbps
	立體聲 384 kbps

02 廣告效果測試

【影片廣告目的大致分3大類】

 1. 打開知名度 ·→ 讓更多人知道產品與服務的存在。

 2. 加強檢討 ·→ 行銷產品與服務的價值，作為檢討消費者購買情況等事項的契機。

 3. 提高行動力 ·→ 增加用戶的具體行動，例如買下產品。

【知名度測試】

主要計算影片的觀看次數大概如何，通常會運用以下幾種指標。

觀看次數

影片廣告的觀看次數

計算方式根據廣告類型而有所差異。比如TrueView串流內廣告的計算方式，是以觀眾未略過廣告為前提，觀看超過30秒、看到最後（兩者取較短的時間），或是和影片廣告互動，就會被列入觀看次數中。

觀看率

點擊次數除以曝光次數

在曝光的次數中，有多少百分比的用戶觀看了影片。

使用者不重複

觀看影片的觀看者數量

廣告成效的數據測試很重要

　　不只有影片相關問題，找我商量的人當中，也有很多人為了投放廣告後的成效計算或分析而苦惱不已。除了YouTube一直重複推廣的「訂閱頻道」、「按讚」以外，YouTube或其他社群媒體的管理頁面中，都會顯示大量的後台數據。不同的行銷目的，應該關注的數據也會有所不同。

　　廣告目的和實際觀眾是否有差異？觀眾是否將影片看到最後？或者是否有看到行銷重點的地方？我們應該將這些數據計算，運用於廣告策略或下一次的影片製作中。

網路和紙本媒體不一樣，因實質數字而得到好的評價，不僅令人感到開心，有些地方也令人害怕。播放次數或流量很低的時候，數據能幫助我們怎麼進行改善呢？ 在次數增加的過程中，就能逐漸看出數字成長的規律。

品牌行銷廣告

回應式廣告

決定製作影片廣告的目的，思考該以
1～3中的哪一種目的為主。

預備品。每種廣告的
效果測試方法與指標
都不一樣。

【檢討測試】

計算觀眾是否對產品或服務感興趣。
通常主要透過以下幾種指標判斷。

播放時間總長

**觀眾播放影片的
總時間長度**

影片的持續觀看數

**看完廣告片後，
在同一頻道觀看其他影片的次數**

平均播放時間

**每次播放（曝光）影片時，
用戶觀看影片的時間**

如果對影片沒什麼興趣，觀眾會在觀看沒多久
就略過或停止播放，因此可從中得知觀眾感興
趣的程度。

頻道訂閱數

**觀看影片後，
訂閱頻道的用戶數量**

顯示數據，讓我們更
容易看出廣告的效果
如何。

02 廣告效果測試

【行動測試】 測試出索取資料或購買相關的行為。主要採用以下幾種指標。

點擊數

觀眾點擊
廣告片的次數

互動

點擊廣告標籤或觀看影片等，
用戶採取某些行動的次數

點擊率

點擊數除以曝光次數

對廣告感興趣，因而採取行動的
用戶比例。

詢問件數

透過網頁或Email詢問的件數

行銷轉換率

索取資料、購買、加入會員等，用戶採取
廣告目的相關行動的比例

是否確實吸引目標客群？
有無機會拓展目標族群？

前一頁介紹的「知名度測試」、「檢討測試」，還有上方的「行動測試」等成效測試指標，分成性別、年齡層、居住地區等類型，每種類型都會進行分析，並測量出假定目標是否有達到效果。有時候還會從中發現，非假定目標的族群反而對廣告反應很好。

這時進一步探求其中的原因，也是廣告操作有趣的地方。舉例來說，我們可以從測試中發現某一款男裝其實正在受到女性的關注。

利用品牌提升測量法

回應式廣告可根據點擊數等指標進行計算，但相對來說，品牌行銷廣告主要會在廣告前半段抓住使用者的心理，所以很難直接測量出成效，需要透過以下的品牌提升調查，才有辦法測試出廣告效果。

品牌提升調查的目的，是為了得出廣告影片實質上為自家公司、產品與服務的品牌帶來什麼樣的影響。

像是曝光（出現次數）或頻率（平均每個用戶的觸及次數）、點擊次數、轉換率等，單憑這類機械式計算指標來測量廣告成效是不夠的。

還需要針對廣告對觀眾的心理影響進行問卷調查，比方說，觀眾是否對廣告影片抱有正面的印象？是否記得廣告中的產品或服務？在某個時機點想起廣告的頻率是否增加了？

YouTube的品牌提升調查方式如下。

YouTube品牌提升調查的問卷範例

最近オンラインで見たクレジットカード会社の動画広告を、以下から選んでください

JCB	☐	アメックス	☐
楽天カード	☐	三井住友カード	☐
該当なし	☐	アンケートをスキップ ▶▶	

YouTubeアンケート · 0:27 ⓘ

問卷內容也可以
自由決定喔。

　Campaign（影片廣告策略）的調查目標中，分成看過廣告的觀眾（實驗組），以及沒看過廣告的觀眾（控制組），並依照年齡層或性別等類別將調查對象組成群組，每個群組各自進行相同的問卷調查。

　被列為調查對象的使用者會在影片播放時，出現上面圖示介紹的問卷調查畫面。

　結果出爐的時間依目標設定而定，通常經過一週左右的時間就會得到調查結果。將結果進行比較後，就能得知影片廣告的觀看成效。

　比方說，雖然神奈川縣30多歲女性的廣告回想率提高了，但男性卻未達到成效，活用這些調查結果就能加以改善。

　問卷調查結果全都是匿名數據，出題者無法鎖定回答者的身分。問題的內容也不會涉及個人資料、宗教信仰或健康狀態等敏感內容。

　通常像這種品牌提升調查都會委託市場調查公司處理，但像是調查對象人數的掌握、目標對象的選擇等事項，執行起來是有難度的，而且成本也很高。

　YouTube有提供針對影片廣告投放者的品牌提升調查服務。因為是由平台營運方的YouTube來執行調查，所以能精確地抽出調查對象，而且用戶接受調查的負擔和播放廣告差不多輕微，有望得到非常直接的使用者反應。

　不僅如此，對廣告方來說，像這樣大規模的市場調查也不需要花到任何成本。

　YouTube的品牌提升調查服務，目前（2020年7月）只提供給超過一定發布量的用戶，不過這項服務未來預測也會開放給小規模的發布者。

製作自己感興趣的影片內容吧！

日本人氣YouTuber「さっさん」，其以3C產品評論為主的頻道訂閱數已突破11萬人（2021年7月）。本書的最後將訪問他有關3C產品評論影片的問題。

聽眾：久松 慎一

さっさん

PROFILE

居住於日本青森縣青森市的YouTuber、部落客。

● YouTube
https://www.YouTube.com/channel/
UC7ShkzYGbYilBtanJ7YxDAA

● さっさん的部落格
https://www.sassanblog.com/

さっさん是青森縣青森市的YouTuber兼部落客，我們訪問他開始經營YouTube的契機、如今的經營方式，以及他發表影片的構思與方針。さっさん的頻道主要是3C產品的介紹與評論，影片推出後得到好評，也有許多粉絲訂閱。我們也為此訪問其中的原因。

經營 blog 和 YouTube 之前

就讀高中時，我邊上學邊打工，畢業後就到一間漢堡店工作，但嚴苛的職場總覺得很不適合自己，於是我到職業訓練學校學習電腦技巧。後來，我進入一家測量公司工作，玩部落格是我的興趣，於是開始一邊工作一邊經營。

我本來就很喜歡打遊戲，所以電玩相關產品的評論自然就成為我部落格的撰寫主軸。很多部落格都是一個產品，專門寫一篇文章；可是我會在使用一個產品的過程中撰寫好幾篇文章，提供其他部落格沒有的深度觀察。

在當時，像我這類型的部落格還比較少見，所以流量提高的速度很快，持續半年左右後，與企業廠商聯盟行銷的收入就超過我在公司當上班族的薪水了。後來我繼續撰寫部落格，大約持續了半年，我便決定「靠部落格維生」，於是便向公司提出了辭呈。

さっさん的頻道畫面，
上面排列著簡單易懂的縮圖。

さっさん的部落格。
部落格中也有YouTube、Twitter的連結。

那段時間，YouTuber 剛興起，所以我不只經營部落格，也開始在 YouTube 上發表影片。從那時開始，提供３Ｃ產品給我的廠商開始逐漸增加。

如何看待部落格與影片的差異

我希望讀者能透過搜尋引擎，從關鍵字檢索中查到我的部落格，閱讀上面刊載的文章。我會介紹自己喜歡的產品，介紹的類型也非常多元。除此之外，我在寫文章時也會提醒自己文字要寫得簡單一點，讓讀者也能輕鬆閱讀，而且也會思考如何優化搜尋引擎（SEO）。

至於影片方面，我則希望能讓訂閱頻道的追蹤者與粉絲可以觀看到很多影片，所以內容的密度會比部落格還要高。訂閱頻道的人如果看過不少支我的影片，就會被 YouTube 介紹為「推薦影片」或「相關影片」，不認識我的人就會有機會看到我的

影片，所以我會特別關心訂閱者所感興趣的內容或話題。

另一方面，我也會有意識地朝 Google 或 YouTube 演算法的方向製作內容。當我在部落格和 YouTube 裡介紹相同的東西時，我會特意在部落格的文章中嵌入影片，或者是反過來在 YouTube 的資訊欄裡提供部落格的連結，引導觀眾前往，讓他們觀看兩邊的作品。

介紹產品的方式

YouTube 上有許多觀眾對市面上新推出的產品或器材很感興趣，所以我會以最新型的產品為主。

至於部落格的文章，就算是過了發售日的產品，還是會有人搜尋閱讀，所以我不會執著於產品的新舊，通常會介紹自己喜歡的產品。

此外，我本來就很喜歡打遊戲，所以我會朝電玩娛樂、遊戲實況方向著手，平常主要介紹的是遊戲相關設備。

觀看次數超過58萬（2020年7月）的遊戲解說影片。利用圖片使內容更易懂。

自從開始經營YouTube頻道後，因為想拍出好看的影像，於是對影像、音響器材產生了興趣，頻道中也有這類器材的評論分享。

我會逛一逛新聞網站、廠商的網站，或者其他評論類型的部落客、YouTuber，還有Amazon等電商網站，從中搜集資訊並挑選感興趣的東西。

當部落格的流量和YouTube的頻道訂閱數增加後，廠商事前提供產品資訊的機會也跟著變多了。不僅如此，主動提供商品或洽談業配合作的廠商也愈來愈多，所以我有時會從中挑選感興趣的東西介紹。這邊提到的「感興趣的東西」，我個人認為是很重要的一點。

重點在於製作全世界都在瘋迷的話題影片，例如現在很流行的PS5（作者註：即PlayStation 5。訪談當天恰好是PS5公開詳細資訊的日子），若是製作以PS5為主題的影片，不僅可以累積觀看次數，頻道訂閱數也有大幅增加的機會。當然，這些新加入的訂閱者會希望頻道後續能繼續推出PS5相關情報的影片，如果我沒有持續發布與PS5相關的影片，訂閱者的點擊率就會下降，頻道在YouTube的評價也就會跟著掉下來，這樣就很難進入「推薦影片」或「相關影片」的名單內，自然就沒辦法開發更多觀眾了。

總之，不能以半調子的心態跟風某個話題，而是要持續研究「喜歡的事物」，這是YouTuber必須做到的事。

關於影片拍攝與編輯

我會在電商平台購買喜歡的東西，到貨前先透過網站等資源來查詢基本資訊。我很珍惜商品到貨時的第一印象，所以會從開箱之前開始錄影。

打開箱子、仔細地取出商品並當場使用看看，最後和類似的商品進行比較，思考觀眾是否會產生興趣，從各種不同的觀點來錄影。

每一支影片的拍攝時間大約是1小時到1小時半。

影片編輯則是我和太太一起進行。裁剪以前的作業由我來負責，之後加入字幕或音效等作業則是由我太太負責。用來錄影的桌子旁邊就是太太的工作桌，我們以生產線的方式進行剪輯。

兩人的編輯時間加起來大約需要4小時，最後會完成一支長度約10到15分鐘的影片。太太完成編輯後，我會再完整確認一次，然後製作縮圖並上傳。

大部分的影片，都會在錄影當天或隔天發布。

さっさん的頻道畫面，
上面排列著簡單易懂的縮圖。

有些YouTuber會傾向習慣將錄好的影片存起來，但我想在拍好之後，趁新鮮的時候趕快發布。

另外也有些YouTuber會把商品拍得非常漂亮，而我為了提高效率，在這方面比較不講究。商品用起來哪裡有趣？觀眾應該對商品抱有什麼樣的期待？商品好不好？我選擇將影片的重點放在簡單易懂又容易傳達的表現上。

即使有廠商提供商品或業配的機會，如果商品有不好的地方，我還是會在影片中直接講出來。即使期待落空也不會拒絕，還是會做成影片。應該說，像這種失敗的影片，觀眾的反應反而會更好（笑）。畢竟講一堆好聽話，只會稱讚的商品評論，大家應該也都看膩了吧。

編輯影片時，要穿插容易引人注目的縮圖或標題，同時也要留意時間長度與內容的資訊量，做出精簡的影片。有些YouTuber會和觀眾閒聊，讓影片更有趣，我覺得這樣的風格也不錯，但我會儘量減少閒聊或不必要的「留白」，希望將觀眾的注意力集中在商品評論上。在發布影片之後，我會瀏覽觀眾在影片下方的留言，並盡力回覆這些留言與

簡單易懂的縮圖，
使用放大吸睛的文字。

評論。除此之外，我還會在影片下方徵求觀眾希望我分享的3C產品，從留言當中尋找接下來的參考素材。

觀眾其實也能透過影片看出演出者的品格，聽完這次的訪談後，我們了解到以誠實的態度來經營，似乎就是さっさん獲得粉絲的原因。除此之外，優先考量觀眾想了解的資訊，似乎也是提高知名度的祕訣。仔細觀察人氣YouTuber的影片並加以研究，或許就能從中獲得許多啟發。

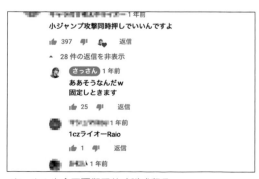

さっさん也會回覆觀眾的建議或留言。

さっさん部ログ
https://www.sassanblog.com/

5G時代YouTube、Instagram
增加曝光、流量成長的超入門指南

促進銷售量，吸引人氣

提升平台流量的影片行銷術

著者　久松慎一／江見真理子
設計　鈴木あづさ（細山田デザイン事務所）
插圖　橫山寬多
妝髮　大門友子
攝影　能丸健太郎
編輯與製作　井上綾乃（funfun design）

出　　　版／楓樹林出版事業有限公司
地　　　址／新北市板橋區信義路163巷3號10樓
郵 政 劃 撥／19907596 楓書坊文化出版社
網　　　址／www.maplebook.com.tw
電　　　話／02-2957-6096
傳　　　真／02-2957-6435
作　　　者／久松慎一、江見真理子
翻　　　譯／林芷柔
責 任 編 輯／江婉瑄
內 文 排 版／楊亞容
港 澳 經 銷／泛華發行代理有限公司
定　　　價／480元
出 版 日 期／2021年9月

國家圖書館出版品預行編目資料

提升平台流量的影片行銷術 / 久松慎一, 江見
真理子作；林芷柔譯. -- 初版. -- 新北市：楓樹
林出版事業有限公司, 2021.09　面；　公分

ISBN 978-986-5572-52-5（平裝）

1. 網路行銷　2. 數位媒體

496　　　　　　　　　　110010743

作 者 簡 介

久松 慎一

自由工程師、
影像／網站總監
擔任多家新創公司的技術長、經驗長。對
「可以長期使用的事物」很感興趣，一直
持續製作東西。舉凡煩惱時腦中浮現出的
工具、突然想重看的影像、讀了好多遍卻
捨不得丟掉的書。不論雨天還是晴天，我
都想繼續製作陪伴著人的工具。

totoro.ws/portfolio/profile/

江見 真理子

行銷話術專家、
自由主播
曾經是主播，後來於大型電視購物的商店
頻道擔任演出班底，每天過著每小時幾千
萬日圓銷售額的生活。開始個人經營後，
以行銷話術專家的身分展開活動。活躍於
演出人員培養、節目製作、商品開發、顧
問諮詢及一般企業訓練等眾多領域。

https://emimariko.com
https://instagram.com/
emimariko_official/